中老年学手机照片编修与短视频剪辑

王 岩 编著

清華大学出版社
北 京

内容简介

本书全面讲解用手机处理照片和剪辑视频的主流应用，以及这些应用的使用方法和技巧。

全书共8章，内容包括拯救废照片、滤镜加美颜、提升艺术感、秀遍朋友圈、视频剪辑入门、进阶剪辑技巧、复刻热门短视频以及将照片和视频传到网盘上等。本书附赠实例中用到的所有照片、视频素材和全程语音教学视频，即使是零基础的手机用户，也能在较短的时间内成为手机照片处理和视频剪辑高手。

本书涉及内容广泛，图文并茂，语言浅显易懂，专门进行了大字体设计，特别适合中老年手机用户，以及摄影、摄像和短视频爱好者阅读。

图书在版编目（CIP）数据

中老年学手机照片编修与短视频剪辑 / 王岩编著. — 北京：清华大学出版社，2022.10
ISBN 978-7-302-62022-8

Ⅰ.①中… Ⅱ.①王… Ⅲ.①视频编辑软件 — 中老年读物 Ⅳ.①TN94-49

中国版本图书馆CIP数据核字（2022）第189441号

责任编辑：赵　军
封面设计：王　翔
责任校对：闫秀华
责任印制：朱雨萌

出版发行：清华大学出版社
网　　址：http://www.tup.com.cn，http://www.wqbook.com
地　　址：北京清华大学学研大厦A座　　**邮　　编：**100084
社 总 机：010-83470000　　**邮　　购：**010-62786544
投稿与读者服务：010-62776969，c-service@tup.tsinghua.edu.cn
质量反馈：010-62772015，zhiliang@tup.tsinghua.edu.cn
印 装 者：三河市铭诚印务有限公司
经　　销：全国新华书店
开　　本：185mm×230mm　　**印　　张：**15.25　　**字　　数：**366千字
版　　次：2022年12月第1版　　**印　　次：**2022年12月第1次印刷
定　　价：69.00元

产品编号：099834-01

前言

随着物质文化生活的日益丰富和长短视频的持续火爆，人们对照片处理和视频剪辑的需求也越来越多。帮人修图、做海报、剪辑视频、修复老照片，已经在很多网店和直播间中发展成一种收入不菲的职业。其实这些看起来很“专业”的工作并没有想象中的那么难，不管您有没有基础，只要在手机上安装几款应用，然后跟着本书的内容简单熟悉一下这些应用的流程和操作，就能轻松做到。

本书精心挑选了美图秀秀、泼辣、剪映、快影、一刻相册等10多款在各大应用商店中都能下载的应用，这些应用不但能覆盖照片处理和视频剪辑方面的各种需求，而且全部免费。虽然有些应用中有个别付费功能，但是本书涉及的所有实例均无须使用任何付费功能，读者在使用这些应用的过程中也需要注意分辨。

本书提供了40个具有实际意义的综合案例和上百个高清照片和视频素材，全程详细讲解每个步骤，只要稍加修改或直接替换成自己拍摄的素材，就能满足日常创作过程中的大多数需求。为了方便读者更好地学习，本书还提供了所有案例的全程语音视频教学，用手机扫描每个章节前的二维码，便可直接下载实例素材和教学视频。

本书共8章。第1章讲解修复模糊、偏色照片的方法，以及如何利用裁剪和抠图工具拯救没拍好的“废片”。第2章主要学习滤镜和美颜工具，让平淡的照片瞬间变漂亮。第3章介绍一些高级的修图技巧，简简单单的几个步骤就能把照片修出大片感。第4章讲解用手机制作精美海报和拼图的方法，让您的朋友圈与众不同。第5章学习手机视频剪辑的基础知识，学会使用常用的剪辑工具。第6章以具有代表性的视频作品为例，掌握更多的视频剪辑工具。第7章介绍制作短视频作品的方法，点几下手指就能制作出当前最热门的短视频。第8章学习用网盘备份、分享素材和作品的方法，以及老照片修复、制作卡通头像等有趣的AI工具，让您的创作不受存储空间和烦琐操作的限制。

手机应用的更新频率很高，当您看到这本书时，应用的界面与功能可能会与书中的有些不同。若图书出版后相关应用进行了更新，请以更新后的实际情况为准，根据书中的讲解举一反三进行操作即可。

配套素材下载

本书配套的素材，需要使用微信扫描下面的二维码获取，也可按扫描出来的页面提示，填写你的邮箱，把链接发送到邮箱中下载。如果有疑问或建议，请联系booksaga@126.com，邮件主题写“中老年学手机照片编修与短视频剪辑”。

本书由王岩编著。由于作者水平有限，书中难免有不足之处，恳请广大读者批评指正。

编 者

2022年10月

目录

第1章 拯救废照片，快速修复没拍好的照片

第2章 滤镜加美颜，简单几步让照片变漂亮

第3章 提升艺术感，把普通照片修成艺术照

第4章 秀遍朋友圈，制作精美的海报和拼图

第5章 视频剪辑入门，熟悉常用的剪辑工具

第6章 进阶剪辑技巧，制作完整的视频作品

第7章 没有创作灵感，完美复刻热门短视频

第8章 存储空间不足，把照片和视频传到网盘上

拯救废照片，快速修复没拍好的照片

手机拍照方便快捷，无论是出门游玩还是亲朋好友聚会，总要拍很多照片。如果您在回味这些美好瞬间的时候，发现有些照片出现了模糊、偏色、有多余的路人等问题，只要在手机上安装几款图像处理应用，点几下手指就能轻松修复这些没拍好的照片。

1.1 让模糊的照片变清晰

手机拍的照片模糊不清，最主要的原因是拍照时手抖，还有可能是快门按得太急，相机还没来得及正确对焦。只要拍照时尽量保持双手持握手机，按快门之前稍微停留几秒，就能拍出清晰的照片。当然，最有效的解决办法是拍完照片后及时看一下效果，发现照片拍虚了，补拍一张就好了。万一拍出了模糊的照片，我们还可以使用美图秀秀这款应用，尽可能地对照片进行修复，实例效果如图1-1所示。

图1-1

观看教学视频

01 在美图秀秀的首页点击“工具箱”，然后点击“实用工具”中的“老照片修复”，如图1-2所示。

02 先点击预览窗口下方的“由虚变实”，然后点击 “一键翻新”，打开要修复的照片。稍等片刻，就能看到修复后的效果。点击页面下方的“保存到相册”，把修复后的照片保存到手机中。保存完毕后，点击页面左上角的<图标返回到老照片修复页面，如图1-3所示。

复古
星河灿烂
图片美化
相机
人像美容
拼图
视频剪辑
视频美容
1
热门素材
美图配方
美图热拍
首页
Plog
设计室
消息
我

工具箱
质感肌
新鲜功能
Wink
去油光
高清质感肌
毕业记
实用工具
借钱
14天免息
美图
证件照
2
老照片
修复
帮我修图
中国潮色
定制
照片书

图1-2

老照片修复
老照片修复
一键翻新，留住旧时光
可左右拖拽看对比
修复前
修复后
1
老照片修复
画质提升
由虚变实
2
一键翻新

4
老照片修复
对比图
修复后
3
分享好友
保存到相册

图1-3

03 点击预览窗口下方的“画质提升”，然后点击“一键翻新”，打开修复过一次的照片。修复完成后点击“保存到相册”，把二次修复的照片保存到手机中，如图1-4所示。

点击预览窗口下方的“对比图”，然后左右拖动预览窗口上的竖线，就能查看照片修复前和修复后的对比效果。

图1-4

04 我们还可以利用美图秀秀的图片美化功能进一步提高照片的清晰度。返回到美图秀秀，点击首页上的“图片美化”，打开二次修复的照片，如图1-5所示。

05 点击页面下方的“调色”，然后点击“细节”标签，拖动预览窗口下方的圆形滑块，将“锐化”参数设置为100，如图1-6所示。

复古
星河灿烂
图片美化
相机
热门素材
美图配方
美图热拍
首页
Plog
设计室
消息
我

所有图片
批量模式
拍照
制作壁纸

图1-5

保存
调色

+100
重置
光效
色彩
细节

图1-6

06 点击“清晰度”，拖动圆形滑块将参数设置为60。继续点击“光效”标签，将“暗部”参数设置为10，如图1-7所示。

按住预览窗口右上角的▮]图标，可以查看照片未处理前的效果。

图1-7

07 设置“高光”参数为-20，设置“褪色”参数为10。点击预览窗口右下方的✓图标完成调色处理，如图1-8所示。

08 最后点击页面右上角的“保存”，把处理完毕的照片保存到手机中，如图1-9所示。

2
-20
重置
光效
色彩
细节
1
智能补光
亮度
对比度
高光
暗部
褪色

4
+10
重置
5
光效
色彩
细节
3
智能补光
亮度
对比度
高光
暗部
褪色

图1-8

保存
1
图层
美图配方
智能优化
编辑
滤镜
调色
文字

图片已保存
再修一张
人像美容
分享到
MT社区
微信好友
朋友圈
QQ好友
QQ空间
微博
精选功能
漫画形象
帮我修图
证件照
美图创商城
粉钻会员
云端毕业照
云端毕业照
立即查看

图1-9

1.2 修复曝光和偏色问题

光是摄影中最重要的元素，拍照的时候周围光线不足，照片看起来就会有灰暗的感觉。除了亮度以外，照片的颜色也会受到环境光的影响。比如，在暖色的灯光中拍摄室内照片经常偏黄，阴雨天在室外拍照容易偏蓝。本节我们就来学习用美图秀秀修复曝光不足和偏色的方法，实例效果如图1-10所示。

图1-10

观看教学视频

01 在美图秀秀的首页点击“图片美化”，打开第一张素材照片。首先我们要解决偏色的问题，点击页面下方的“调色”，继续点击“色彩”标签，设置“色温”参数为-100，点击✓图标完成本次操作，如图1-11所示。

02 再次点击页面下方的“调色”，点击“色彩”标签后，设置“色温”参数为-85。继续点击“HSL”，选中绿色的色标，设置“色相”和“明度”参数均为25，让叶子的颜色看起来更鲜绿，如图1-12所示。

图1-11

图1-12

03 我们还可以调整一下色调和亮度，让照片看起来更加通透。点击“细节”标签，设置“清晰度”参数为20，点击“色彩”标签，设置“色调”参数为5，如图1-13所示。

图1-13

04 点击“光效”标签，设置“亮度”参数为10，设置“高光”参数为15。最后点击✓图标完成照片的处理，如图1-14所示。

图1-14

05 如果您觉得上述操作比较麻烦，还有一种更便捷的处理方法。在美图秀秀的首页点击“图片美化”，打开第二张素材照片。点击页面下方的“智能优化”，点击“去雾”，偏色和曝光不足的问题就得到了很大的改善，如图1-15所示。

图1-15

06 点击页面下方的“调色”，将“智能补光”的圆形滑块拖到第一个节点上。继续设置“暗部”参数为20，点击✓图标完成照片的处理，如图1-16所示。

图1-16

1.3 矫正照片的透视变形

明明很好看的景物，为什么用手机拍出来感觉就不同了？这是因为手机使用的是定焦广角镜头，用这种镜头拍近距离的物体时会出现镜头畸变。再加上拍照时很难横平竖直地持握手机，这样又会出现透视变形。本节我们将使用美图秀秀和泼辣两款应用，学习修正照片偏斜和透视变形的方法，实例效果如图1-17所示。

图1-17

观看教学视频

01 在美图秀秀的首页点击“图片美化”，打开图1-18所示的照片。对于这种常见的镜头变形，我们只要点击页面下方的“编辑”，然后点击“矫正”标签，将“纵向”参数设置为45，就能得到正确的透视效果。

02 返回到美图秀秀的首页，打开如图1-19所示的照片。这张照片上有明显的桶形失真，使用鱼眼模式拍照时就会出现这种现象。点击页面下方的“编辑”，然后点击“矫正”标签，将“中心”参数设置为25。

保存
图层
美图配方
智能优化
编辑
滤镜
调色
文字
去美容

还原
裁剪
旋转
矫正
横向
纵向
中心

图1-18

保存
图层
美图配方
智能优化
编辑
滤镜
调色
文字
去美容

还原
裁剪
旋转
矫正
横向
纵向
中心

图1-19

03 继续将“纵向”参数设置为-10，就能得到符合人眼视觉习惯的透视效果，如图1-20所示。

图1-20

04 用美图秀秀打开如图1-21所示的照片，这张照片上既有透视变形，又有一定的倾斜角度，这种现象在拍摄建筑时尤为常见。点击页面下方的“编辑”后，再点击“旋转”标签，设置“旋转”参数为5。

图1-21

05 继续点击“矫正”标签，将“纵向”参数设置为-15，原本歪斜的高楼就变得直立起来，如图1-22所示。

图1-22

06 用手机拍文档或证件时总是歪斜的，遇到这种情况，我们可以在手机上安装一款叫作“泼辣”的应用，在泼辣的首页点击左上角的图标，打开如图1-23所示的照片。点击页面右下角的“编辑”，然后点击“重构”。

图1-23

07 向右拖动旋钮，将“旋转”参数设置为-11，让书的一条边垂直。接下来点击“透视”标签，拖动照片周围的白点，就能把书调正了，如图1-24所示。

提示

调整照片的透视效果时，我们可以在预览窗口中通过双指缩放操作控制照片的显示范围。点击预览窗口下方的↶图标，可以撤销上一步的操作。

图1-24

08 点击页面右下角的✓图标完成重构操作，继续点击页面右上角的⇧图标，出现选项后点击“保存副本”，将处理好的照片保存到手机中，如图1-25所示。

图1-25

1.4 用裁剪工具二次构图

受到周围环境的限制或者抓拍照片时，我们没有办法仔细构图。如果拍出来的照片出现了人物太小、背景杂乱等问题，我们可以在修图应用中对照片进行裁剪处理，通过二次构图弥补拍摄中的失误和遗憾。这里我们就以几张照片为例，学习使用美图秀秀更换画幅和裁剪照片的方法，实例效果如图1-26所示。

图1-26

观看教学视频

01 在美图秀秀的首页点击“图片美化”，打开如图1-27所示的照片。一般来说，拍摄树木、人像、高楼等瘦长的对象时采用竖幅构图，可以让人产生高大挺拔的感觉。点击页面下方的“编辑”，然后选择3:4比例。

裁剪照片时可以直接选择预设好的长宽比。16:9是大部分计算机和电视屏幕采用的长宽比，在计算机或电视上观看16:9的照片时可以全屏幕显示，不会留下黑边。如果想在手机上全屏幕显示照片，可以选择“壁纸”。3:2和4:3是传统电影胶卷和早期电视机的长宽比，用照相机拍摄的照片大多会采用这两种画幅。

图1-27

02 左右拖动预览窗口中的裁切框可以选择裁剪范围，选择完成后点击✓图标，横幅的照片就被裁剪成竖幅了，如图1-28所示。

图1-28

03 拍摄山脉、湖泊等对象时，使用横幅构图可以产生宽广感。打开如图1-29所示的照片，点击页面下方的“编辑”，选择3:2比例后点击✓图标，就能把竖幅照片裁剪成横幅。

图1-29

04 无法靠近拍摄对象时，可以进行大范围地取景，然后通过裁剪的方式获得更好的构图。打开如图1-30所示的照片，点击页面下方的“编辑”后选择3:4比例，拖动裁剪框的四角，进一步选择裁剪的范围。

裁剪框中的横线和竖线可以作为三分法构图的参考。所谓的三分法构图就是将被摄对象的主体放置到分割线或者分割线的交点上，这种构图不但符合人们的视觉规律，还能保留足够的留白空间，让画面不至于显得拥挤。

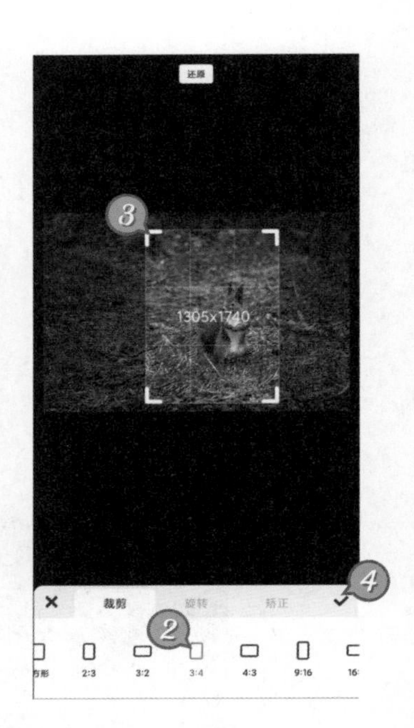

图1-30

05 我们还可以点击页面下方的“调色”，然后点击“细节”标签，将“暗角”参数设置为50，通过让照片的四角变暗，让观众的注意力更多地集中到画面中央的被摄主体上，如图1-31所示。

图1-31

06 二次构图不但能弥补拍摄时的不足，还能去除杂乱背景的干扰，进一步提升照片的主题。打开如图1-32所示的照片，点击页面下方的“编辑”，然后选择3:2比例。继续拖动裁剪框的四角，选择裁剪范围。

图1-32

07 点击页面下方的“调色”后，再点击“细节”标签，设置“暗角”参数为70。点击“光效”标签，设置“亮度”参数为20，“高光”参数为-20，如图1-33所示。

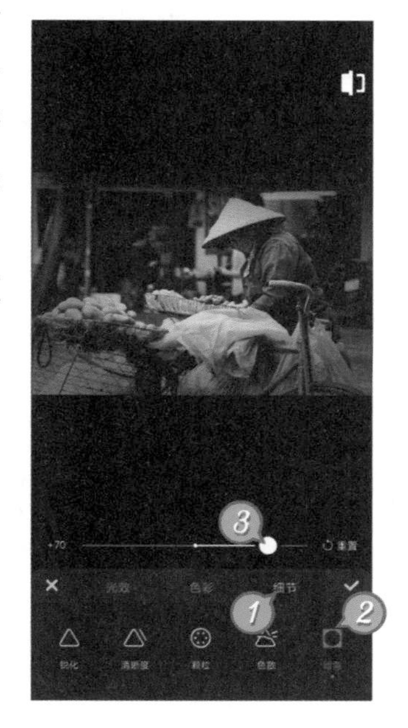
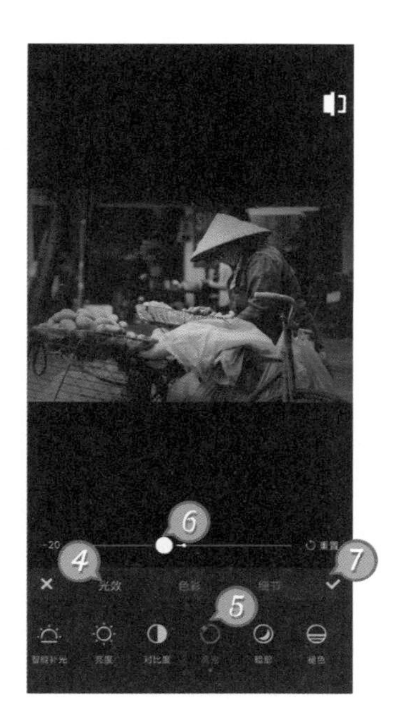

图1-33

1.5 去掉背景的路人和杂物

用手机拍照时总会遇到各种各样的问题或意外，最常见的就是背景中的路人和电线杆等杂物。遇到这种情况，我们只要用美图秀秀的消除笔或Touch Retouch的修复工具涂抹几下，就能把杂物消除干净，实例效果如图1-34所示。

图1-34

观看教学视频

01 在美图秀秀的首页点击“图片美化”，打开第一张素材照片。对于出现在照片边角位置的杂物，最方便的去除方式就是把它裁剪掉。点击页面下方的“编辑”后选择2:3，拖动裁剪框将电线杆从画面中移除，如图1-35所示。

02 点击✓图标完成裁剪操作，然后向右拖动页面下方的工具条，找到并点击“消除笔”。拖动圆形滑块将笔刷尺寸设置为最大，在预览窗口中涂抹，直至笔刷覆盖垃圾桶的全部范围，如图1-36所示。

保存
图层
美图配方
智能优化
编辑
滤镜
调色
1

还原
1749x2623
裁剪
旋转
矫正
正方形
3:2
3:4
2
3

图1-35

保存
图层
文字
贴纸
消除笔
涂鸦笔
边框
马赛克
1

画笔
消除笔
2
3

图1-36

03 松开手指后垃圾桶就从照片上消失了，如果消除的部分产生了规律性的重复画面，只要用双指放大照片，在画面重复的区域反复涂抹，就能得到更好的修复效果，如图1-37所示。

图1-37

04 Touch Retouch是一款专门用来消除背景杂物的应用，除了“消除笔”以外，这款应用还提供了线条删除和克隆印章工具，可以得到更加精细的消除效果。打开Touch Retouch，点击“相册”后，打开第二张素材照片，如图1-38所示。

图1-38

05 点击页面下方的“线段删除器”，然后点击一根电线。稍等片刻，电线就从照片上消失了。依次消除其余的电线后，点击←图标返回上一个页面，然后点击页面下方的“快速修复”，用画笔在电线杆上涂抹，就能将其消除，如图1-39所示。

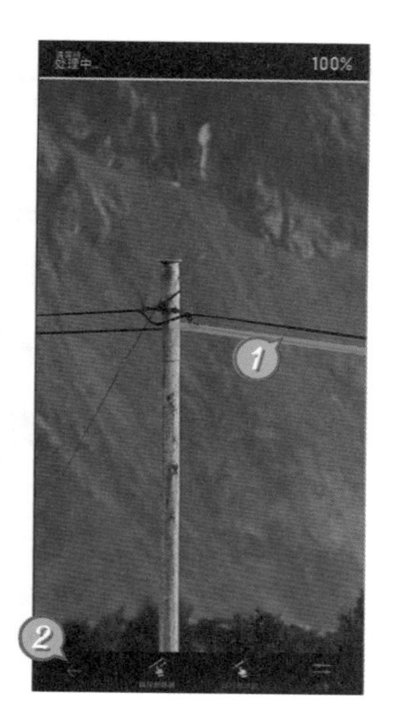

图1-39

06 点击页面右上角的⇧图标，然后点击“保存为副本”，就能把修复好的照片保存到手机上，如图1-40所示。

图1-40

提示

Touch Retouch只能免费保存3次照片，把应用卸载后再安装一次，就能再免费保存3次照片。

滤镜加美颜，简单几步让照片变漂亮

在应用商店中可以找到成百上千款美图应用，这些应用都有一个共同点，那就是简单易用。即使是毫无图像处理经验的用户，只要略微熟悉一下基本操作，就能轻松地美化照片。本章中，我们将通过美图秀秀和MIX滤镜大师这两款应用，了解一下美化照片的手段都有哪些，以及各种美化工具的使用方法。

2.1 用滤镜一键美化照片

在美化照片的过程中，需要设置对比度、色调、颗粒度等很多参数，同时还要结合一定的色彩原理，才能让照片看起来更漂亮。如果您不了解色彩原理和各种调色工具也没关系，滤镜已经给我们预先设置好了针对各种照片的调色过程，只要选择一个适合的滤镜，就能实现一键美化照片的目的。现在我们就来了解一下在美图秀秀中使用滤镜美化照片的方法，实例效果如图2-1所示。

图2-1

观看教学视频

01 在美图秀秀的首页点击“图片美化”，打开第一张素材照片。点击页面下方的“智能优化”，将“风景”参数设置为80，如图2-2所示。

图2-2

02 点击页面下方的“滤镜”，选择“旅行”标签后，点击“圣托里尼”滤镜，将“程度”参数设置为100，点击✓图标应用滤镜的设置，如图2-3所示。

图2-3

提示

点击其他滤镜的缩略图可以切换不同的滤镜，点击页面左侧的⊘图标可以删除当前使用的滤镜。

03 不同的滤镜还可以叠加使用。再次点击页面下方的“滤镜”，点击“美食”标签后，点击“野餐Ⅱ”滤镜，将“程度”参数设置为70，点击✓图标完成照片的处理，如图2-4所示。

图2-4

04 滤镜只是一种处理照片的简化手段，要想让照片变得更完美，仍然离不开裁剪、调色等工具的配合。在美图秀秀中打开第二张素材照片，点击页面下方的“编辑”，选择3:4比例后，参照图2-5裁剪范围。

图2-5

05 点击页面下方的“滤镜”，然后点击滤镜标签左侧的🔍图标，在搜索栏中输入关键字“青空”。找到并应用青空滤镜后，设置“程度”参数为85，如图2-6所示。

图2-6

06 点击页面下方的“调色”，点击“细节”标签后，设置“清晰度”参数为80，将“颗粒”参数设置为40，如图2-7所示。

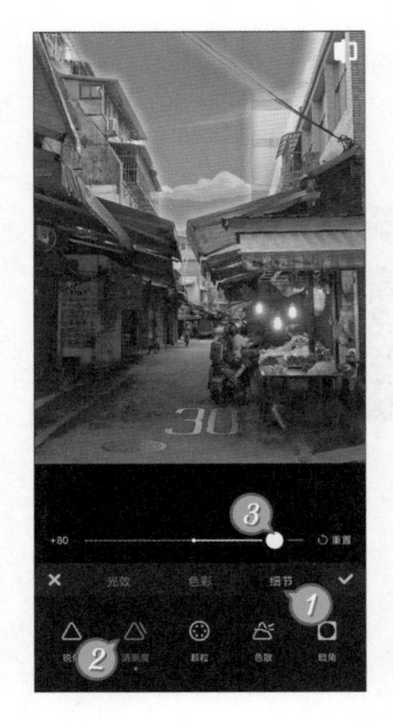

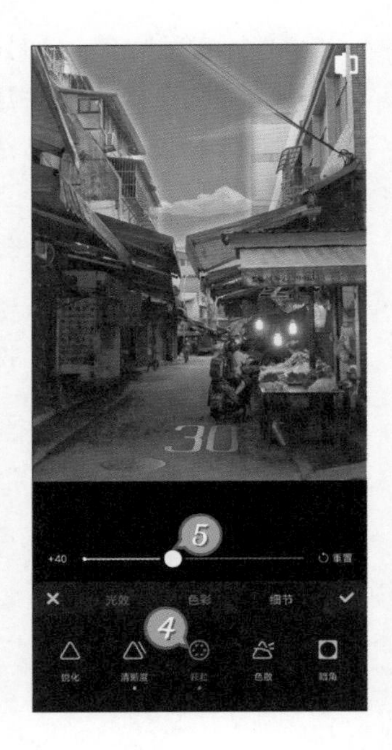

图2-7

07 点击“光效”标签，设置“高光”参数为50。点击“色彩”标签，设置“色调”参数为-15，最后点击✓图标完成照片的处理，如图2-8所示。

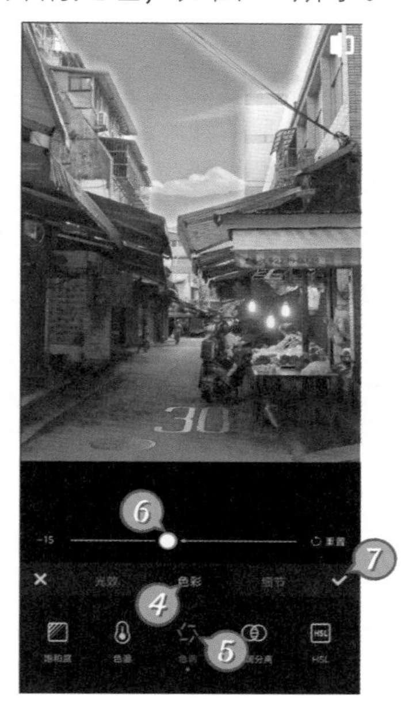

图2-8

2.2 模拟镜头景深和暗角

滤镜好用，却不是万能的。学会使用更多的修图工具，才能进一步提高自己的修图水平。本节我们将学习美图秀秀的背景虚化和暗角工具，这两个工具可以模拟照相机镜头的特殊成像效果，通过模糊背景和使画面四角变暗的手段，让被摄主体变得更加突出，实例效果如图2-9所示。

图2-9

观看教学视频

01 在美图秀秀的首页点击“图片美化”，打开第一张素材照片。拖动页面下方的工具条，找到并点击“背景虚化”。点击“大光圈”效果，将“光斑”参数设置为15后点击✓图标，如图2-10所示。

图2-10

02 再次点击页面下方的“背景虚化”。点击“选区”标签后，再点击“直线”，将“过渡”参数设置为80。用双指在预览窗口上进行缩放操作，控制虚化的范围，用单指拖动控制虚化的位置，如图2-11所示。

图2-11

03 点击“效果”标签，继续点击“星星”效果后，设置“光斑”参数为30，点击✓图标完成二次背景虚化操作，如图2-12所示。

图2-12

04 点击页面下方的“调色”，点击“细节”标签后，设置“暗角”参数为40，设置“清晰度”参数为50，点击✓图标完成照片的处理，如图2-13所示。

图2-13

05 有些背景过于杂乱的照片，需要综合运用更多的修图工具。在美图秀秀中打开第二张素材照片，点击页面下方的“编辑”，选择3:4比例后，拖动裁剪框选择保留的部分，如图2-14所示。

图2-14

06 点击页面下方的"背景虚化"，然后点击"选区"标签。继续点击"手动"，使用"橡皮"工具擦除主体人物以外的多余部分，如图2-15所示。

按住照片下方的"预览"，可以查看调整后的效果是否理想，如果人物的红色选区有缺失，可以用"画笔"工具填补。

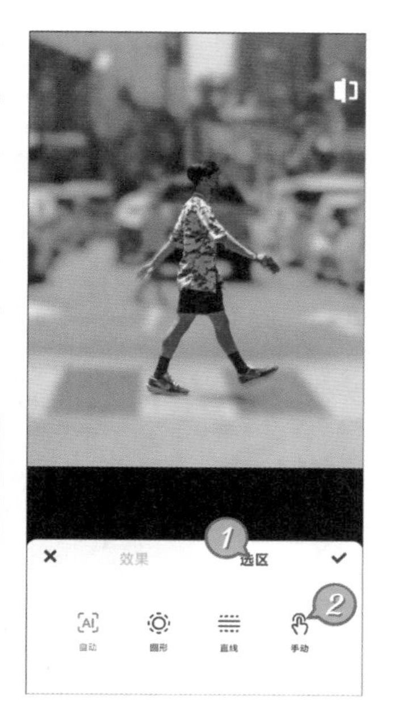

图2-15

07 点击"效果"标签后，选择"大光圈"效果，设置"光斑"参数为50。继续点击"景深"，就能把照片上的人物与背景分离开，如图2-16所示。

图2-16

08 点击页面下方的“调色”，然后点击“细节”标签。设置“暗角”参数为40，设置“清晰度”参数为40，点击✓图标完成照片的处理，如图2-17所示。

图2-17

2.3 给照片添加雨雪光晕

后期处理不但能消除照片上的瑕疵和不足，还能借助光影变化和各种特效提升意境。本节我们将使用一款叫作MIX滤镜大师的应用给照片添加风雪效果和标题文字，把普普通通的照片变成具有氛围感的海报，实例效果如图2-18所示。

01 运行MIX滤镜大师，点击首页的“编辑”后打开素材照片。点击页面下方的“内置”标签，展开“电影色”滤镜，点击应用C104模板。继续点击页面右上角的“保存”，把应用滤镜后的照片保存到手机上，如图2-19所示。

图2-18

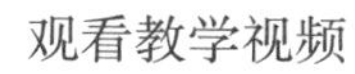

观看教学视频

图2-19

02 保存完毕后点击“返回相册”，继续点击页面右上角的✓图标，在出现的快捷菜单中选择Camera文件夹，然后打开上一步保存的照片，如图2-20所示。

图2-20

03 点击页面下方的“推荐”标签，展开“一键雪景1”，点击应用第一个模板。再次点击模板的缩略图打开设置选项，设置“程度”参数为75%，如图2-21所示。

提示

点击页面上方的↶图标可以撤销上一步的操作，点击↻图标可以取消当前应用的滤镜。

图2-21

04 点击页面下方的“编辑工具箱”，然后点击“纹理”，展开“炫光”滤镜，点击应用第一个模板。再次点击第一个模板的缩略图，打开设置选项，设置“程度”参数为50%，如图2-22所示。

图2-22

05 点击页面下方的“调整”，将“层次”参数设置为10，将“锐化”参数设置为50，如图2-23所示。

图2-23

06 继续设置“噪点”参数为30，设置“暗角”参数为70。点击页面右上角的⋮图标，出现快捷菜单后，点击“照片海报”，如图2-24所示。

图2-24

07 点击“冬日·初雪”标签后，选择一个模板。接下来点击页面下方的“图片”，将图片比例设置为2:3。最后点击页面右上角的“保存”，把制作好的海报照片保存到手机中，如图2-25所示。

图2-25

2.4 神奇的动态魔法天空

照片中的天空背景太平淡怎么办？使用手机上的修图应用不但能在天空上随意添加云朵，还能把阴天转换成晴天，把白天转换成夜晚。本节我们将使用MIX滤镜大师和小米相册两款应用学习更换天空背景的方法，实例效果如图2-26所示。

图2-26

观看教学视频

01 运行MIX滤镜大师，点击首页上的“编辑”后，打开素材照片。点击页面右下方的⚙图标，然后按住☰图标将“魔法天空”滤镜拖到页面最上方，如图2-27所示。

图2-27

02 展开“魔法天空”滤镜，选择一个模板就能更换天空背景，同时滤镜还会自动调整照片的整体亮度和色调。点击页面右下方的⊕图标，可以用大图模式查看所有滤镜模板的效果，如图2-28所示。

图2-28

03 点击“推荐”标签，可以找到更多换天空的滤镜。点击“内置”标签，然后点击滤镜列表最右侧的图标，如图2-29所示。

图2-29

04 在商店列表中点击“漫空祥云”滤镜，然后点击“下载”。下载完成后返回到编辑页面，在内置滤镜列表的最右侧就能看到下载完的滤镜，如图2-30所示。

图2-30

05 更换天空后，我们还可以进一步调整照片的亮度和色调，让照片和天空背景更好地融合到一起。点击页面右下角的“编辑工具箱”，将“曝光”和“阴影”参数设置为10，将“层次”参数设置为20，如图2-31所示。

图2-31

06 设置“自然饱和度”和“锐化”参数均为50，继续设置“暗角”参数为10，设置“色调”参数为15。照片处理完成后，效果如图2-32所示。

> 提示
>
> 点击页面右上角的⋮图标，在弹出的快捷菜单中点击“保存滤镜”，可以把对照片的所有处理保存为自定义滤镜。

07 小米手机的用户可以打开系统自带的相册应用，点开想更换天空的照片后，点击页面下方的“编辑”，如图2-33所示。

图2-32

图2-33

08 接下来点击“AI创作”，继续点击“魔法换天”，就能看到不同的天空模板。小米相册中的换天功能将抠图、换天和调色处理完美结合到一起，无论是晴空、傍晚还是夜景，都能实现以假乱真的效果，如图2-34所示。

图2-34

提示

应用天空模板后，点击预览窗口右下角的🔄图标，可以随机改变云朵的分布。

09 最神奇的是，点击“动态”标签中的模板，可以直接生成云朵飘动和下雨、下雪等动态效果。点击页面右下角的✓图标，就能把动态视频保存到手机上，如图2-35所示。

图2-35

2.5 无所不能的人像美颜

对于喜欢自拍的朋友来说，拍照时肯定不会忘记打开美颜功能。如果您对相机的美颜效果仍然感觉不满意，只要使用美图秀秀，无论是美白瘦脸、祛斑祛皱，还是塑形增高，动动手指就能轻松实现，实例效果如图2-36所示。

图2-36

观看教学视频

01 在美图秀秀的首页点击“人像美容”，然后打开素材照片。首先我们来处理人物面部的色斑，在页面下方拖动工具条，找到并点击“祛斑祛痘”，如图2-37所示。

图2-37

02 只要点击页面下方的“自动”，就能去掉大部分的色斑。继续点击“手动”，放大照片后，在剩余的色斑处点击去除，得到满意的效果后点击 ✓ 图标，如图2-38所示。

图2-38

03 点击页面下方的“美白”，设置“冷暖”参数为10，“程度”参数为100。继续点击页面下方的“去油光”，在鼻子、下颌和额头处涂抹，去掉这几个部位的高光，如图2-39所示。

图2-39

04 点击页面下方的“皮肤细节”，设置“遮瑕”“清晰”和“肌理”参数均为100。点击页面下方的“面部重塑”，先选择“脸型”标签，然后设置“下颌”参数为80，如图2-40所示。

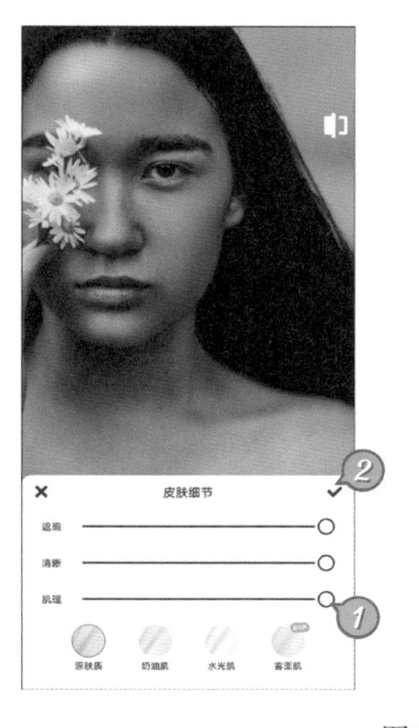

图2-40

05 点击页面下方的“增发”，然后选择“发际线”标签，设置“程度”参数为2。点击页面下方的“美妆”，选择“妆容”标签，应用“牛油果”模板，如图2-41所示。

图2-41

06 点击“眼妆”标签，再点击“眼神光”，应用“清澈”模板。继续点击“立体”标签，应用“温柔”模板，如图2-42所示。

图2-42

07 点击页面下方的“一键美颜”，应用“自然”模板后，设置“滤镜”参数为70。至此，人物的面部美妆完成了。接下来我们利用图片美化功能进一步提升照片的整体效果。点击页面右下角的“去美化”，如图2-43所示。

图2-43

08 点击页面下方的“滤镜”，然后点击“自然”标签，应用“小美好”模板，设置“程度”参数为20。最后点击页面下方的“边框”，点击“简单”标签后，添加如图2-44所示的模板，得到满意的效果后点击✓图标。

图2-44

提升艺术感，把普通照片修成艺术照

经过前两章的学习，我们已经熟悉了几款常用的手机修图应用，以及这些应用的基本使用方法。在本章中，我们将更深入地学习这几款应用的调色参数，以及更多的照片处理功能。掌握了这些内容后，您也能进阶到照片处理高手的行列，把普普通通的照片修出大片感。

3.1 变色功能的两种玩法

在朋友圈和短视频平台上，可以看到很多把绿色的树叶变成紫色，把黄色的香蕉变成蓝色，在黑白照片中保留一抹红色等变色效果。其实，这些看起来很神奇的变色效果制作起来非常简单，这里我们就使用泼辣修图制作两个照片变色实例，实例效果如图3-1所示。

图3-1

观看教学视频

01 我们先来制作树叶变色的效果。运行泼辣修图，点击页面左上角的图标，打开第一张素材照片。点击页面右下角的“编辑”，继续点击“调整”工具后，点击预览窗口右下角的“自动增强”，如图3-2所示。

图3-2

02 点击HSL标签，选中第4个色盘，将“绿色相”参数设置为-200，将“绿饱和度”参数设置为40。选中第3个色盘，将“黄色相”参数设置为-40，如图3-3所示。

图3-3

03 点击“色调”标签后，点击第一个红色色盘。继续点击“高光”选项，然后点击第二个橙色色盘，如图3-4所示。

点击预览窗口左下角的⮌图标可以撤销上一步的操作，点击⟲图标可以显示出历史记录，点击“还原”可以撤销对照片的所有处理。

图3-4

04 点击“曲线”标签，然后点击左侧的蓝色色盘，参照图3-5调整曲线的形状。继续点击“光效”标签，将“阴影”参数设置为80。点击页面右下角的✓图标完成实例的制作。

05 接下来我们制作单色效果的照片。点击页面左上角的🖼图标，打开第二张素材照片。点击页面下方的“调整”，然后点击预览窗口右下角的“自动增强”，如图3-6所示。

图3-5

图3-6

06 点击“HSL”标签，将除了红色和洋红以外的“饱和度”参数均设置为-100。选中洋红色盘，将“色相”参数设置为60，如图3-7所示。

双击一个参数的圆形滑块，可以将这个参数恢复为默认值。

图3-7

07 点击“质感”标签，设置“清晰度”参数为80，点击页面右下角的✓图标完成调整设置。继续点击页面下方的“图层”，在弹出的窗口中点击“纹理”，如图3-8所示。

08 点击“GR14”纹理的缩略图后，点击左下方的“属性”，将“不透明度”参数设置为40，点击页面右下角的✓图标完成实例的制作，如图3-9所示。

1
HSL
LUT
80
2
0
0
0
3
调整

纹理和图像
4
渐变图层
双向色

图3-8

1
2
图层 • 纹理

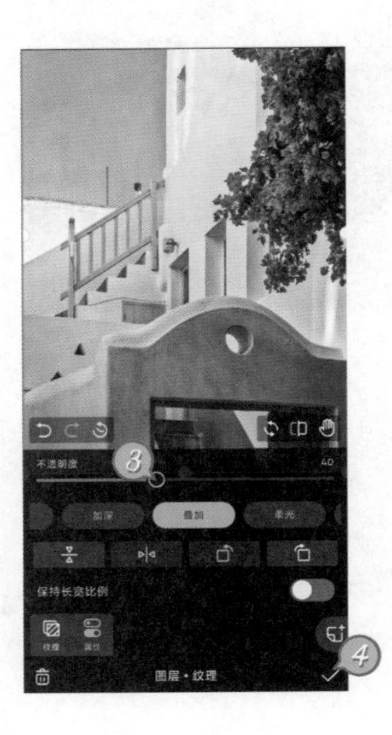
不透明度
3
40
加深
叠加
保持长宽比例
4
图层 • 纹理

图3-9

3.2 夜景照片的调色处理

每当华灯初上，夜景便会展现出独特的魅力。虽然现在的手机都有专门的夜景模式，但是想要拍出动人的夜景，仍然没有想象的那么容易。如果您拍出来的夜景照片效果平平，我们还可以通过后期处理的方式增强照片的表现力。本例中我们学习使用泼辣修图处理夜景照片的两种方法，实例效果如图3-10所示。

图3-10

观看教学视频

01 运行泼辣修图，点击页面左上角的图标后打开素材照片，然后点击页面右下角的“编辑”。继续点击“调整”工具，点击“光效”标签后，设置“亮度”和“对比度”参数为5，设置“阴影”参数为30，如图3-11所示。

图3-11

02 点击“特效”标签，设置“眩光”参数为50。点击“质感”标签，设置“清晰度”参数为100，如图3-12所示。

图3-12

03 点击“色彩”标签，设置“色调”参数为-25。继续点击“色调”标签，点击“阴影”选项后，点击第5个青色色盘，设置“阴影饱和度”参数为70，如图3-13所示。

图3-13

04 点击“高光”标签后，点击最后一个洋红色色盘。接下来点击“曲线”标签，点击左侧的红色色盘，参照图3-14调整曲线的形状。点击页面右下角的✓图标完成照片的处理。

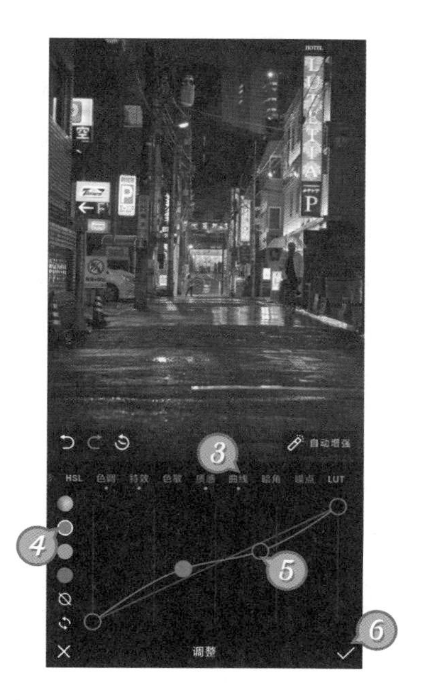

图3-14

05 我们还可以利用最近比较流行的青橙色调把夜景照片调出大片感。点击预览窗口下方的⟲图标，继续点击“还原”撤销所有调整处理，如图3-15所示。

图3-15

06 点击“调整”工具后，点击“光效”标签，设置“对比度”参数为10，设置“阴影”参数为60。点击“质感”标签，设置“清晰度”参数为100，设置“锐化”参数为50，如图3-16所示。

图3-16

07 点击“特效”标签，设置“眩光”参数为50。继续点击“暗角”标签，设置“暗角”参数为-20，设置“羽化”参数为100，如图3-17所示。

图3-17

08 点击“HSL”标签，将除了橙色和黄色以外的“饱和度”参数均设置为-100。点击“色调”标签，继续点击“阴影”选项后，设置“阴影色相”参数为190，设置“阴影饱和度”参数为100，如图3-18所示。

图3-18

09 点击“高光”标签，点击第二个橙色色盘后，设置“高光饱和度”参数为100。点击“色彩”标签，设置“色温”参数为40，设置“自然饱和度”参数为30。点击页面右下角的✓图标完成实例的制作，如图3-19所示。

图3-19

3.3 制作漂亮的艺术照片

前面介绍过的每款应用都有自己的优势和不足之处，本例中我们将MIX滤镜大师和泼辣修图这两款应用结合起来，利用MIX滤镜大师把普通照片处理成具有艺术感的油画效果，然后使用泼辣修图的图层功能把艺术照片和原照片叠加到一起，让照片在具有油画质感的同时，还保留一定程度的原貌，实例效果如图3-20所示。

图3-20

观看教学视频

01 运行MIX滤镜大师，点击首页上的“艺术滤镜”后打开素材照片。点击缩略图套用Pencil滤镜，然后点击页面右上角的“保存”，如图3-21所示。

图3-21

02 保存完毕后点击←图标返回到艺术滤镜页面，继续点击套用Brush Stroke滤镜，设置“程度”参数为50%后，点击页面右上角的“保存”，如图3-22所示。

图3-22

03 运行泼辣修复，点击页面左上角的▧图标后打开素材照片。点击页面右下角的“编辑”，然后点击“图层”，在弹出的窗口中点击“自定义”，如图3-23所示。

图3-23

04 选择MIX滤镜大师处理的第一张照片，然后点击页面左下角的“属性”，将图层混合模式设置为“明度”，设置“不透明度”参数为60，如图3-24所示。

提 示

要想在泼辣修图中使用自定义图层，或者保存自定义的滤镜，需要用手机号码注册一个账号。

图3-24

05 点击页面右下方的图标，然后点击“自定义”。点击“导入”后，选择MIX滤镜大师处理的第二张照片。继续点击“属性”，将图层混合模式设置为“变暗”，设置“不透明度”参数为80，如图3-25所示。

06 再次点击页面右下方的图标，然后点击“纹理”。点击应用“WA02”图像后，点击“属性”，设置图层混合模式为“亮光”，设置“不透明度”参数为85，点击页面右下角的✓图标完成设置，如图3-26所示。

1
图层 • 自定义

不透明度
4
3
变暗
保持长宽比例
2
图层 • 自定义

图3-25

2
1
图层 • 纹理

不透明度
5
4
亮光
保持长宽比例
3
6
图层 • 纹理

图3-26

07 最后我们给照片添加一个边框。点击页面下方的“重构”，点击“边框”标签后，设置“边框宽度”为8，点击✓图标完成实例的制作，如图3-27所示。

图3-27

3.4 设计好看的卡通形象

本例中我们将学习使用美图秀秀和美易全能编辑器制作卡通形象的方法，实例效果如图3-28所示。美易全能编辑器是一款免费的手机图像处理应用，这款应用拥有丰富的滤镜和特效，唯一美中不足的就是应用中的广告较多。如果您不小心点开了应用里的广告，为了安全起见，切勿下载广告里的应用，也不要点开广告里的链接。

图3-28

观看教学视频

01 在美图秀秀的首页点击“工具箱”，然后点击“实用工具”中的“绘本时代”，如图3-29所示。

图3-29

02 点击“点我变身”，然后点击“从相册选择一张”，打开一张自拍照后稍等片刻，应用就能把照片上的人物转换成卡通对象，如图3-30所示。

图3-30

03 在页面下方可以选择卡通形象的发型、服装、背景等元素，搭配完毕后，点击页面右上角的“保存”，如图3-31所示。

图3-31

04 除了绘本时代以外，我们还可以点击“实用工具”中的“动漫化身”，制作更可爱的卡通形象。点击“实用工具”中的“绘画机器人”，可以得到更写实的卡通形象，如图3-32所示。

图3-32

05 运行美易全能编辑器，点击首页右上方的“所有照片”，然后打开一张要处理的照片。点击页面下方的“特效”后，点击“魔法”，就能看到各种各样的卡通特效，如图3-33所示。

图3-33

06 点击应用一种特效后，再次点击这个特效的缩略图，打开设置选项，利用“减淡”参数可以控制特效的作用程度，如图3-34所示。

图3-34

07 点击♣图标可以恢复照片原本的色调。通过改变图层混合模式，可以得到更多的合成效果。点击页面上方的⤓图标，就能把制作好的照片保存到手机上，如图3-35所示。

图3-35

3.5 制作神奇的动态照片

第一次看到动态照片的朋友都很想知道，这种神奇的效果究竟是怎么制作出来的？能够制作动态照片的应用有很多，制作起来也没有多么复杂，本例中我们就来学习利用美图秀秀制作动态照片的方法，实例效果如图3-36所示。

图3-36

观看教学视频

01 在美图秀秀的首页点击“视频剪辑”，打开一张要制作动态效果的照片，继续点击页面右下角的“开始编辑”，如图3-37所示。

02 选中视频轨道上的照片素材，拖动右侧的边框，将视频的持续时长设置为10秒。拖动页面下方的工具条，找到并点击“魔法照片”，如图3-38所示。

星河灿烂
图片美化
相机
人像美容
拼图
视频剪辑
视频美容
热门素材
美图配方
美图热拍
首页
Plog
设计室
消息
我

图片视频
素材库
视频配方
全部
视频
图片
视频草稿
开始编辑

图3-37

保存
00:00/00:03
视频剪辑
视频美容

00:10/00:10

图3-38

03 在预览窗口上顺着烟尘的运动走向绘制一条动画路径，照片上的烟尘就会产生动态效果。暂停动画的播放后，将进度条拖到视频开始处，点击“保护笔”后，在照片上分别圈出摩托车和地面的轮廓，圈住的区域就不会产生运动，如图3-39所示。

图3-39

04 点击“动画路径”工具，顺着烟尘的走向再绘制几条动画路径，让烟尘的运动效果更加逼真。如果个别位置出现撕裂状的破损效果，用“保护笔”工具在这个位置点一下，或者拖出一条线段就能解决，如图3-40所示。

提 示

放大预览窗口的显示，可以更加精确地调整照片上的动画区域和保护区域。如果某些动画区域的运动效果不理想，可以使用“擦除”工具将预览窗口中的箭头抹去，然后重新绘制。

05 点击▷图标播放视频，确认效果满意后点击✓图标。再次点击✓图标返回到视频剪辑页面，点击页面下方的“滤镜”，继续点击“电影”标签后，应用“少年斯派维”滤镜。再次点击这个滤镜的缩略图，将页面下方的圆形滑块拖到最右侧，如图3-41所示。

00:00/00:10
涂抹
人像保护
动画路径
保护笔
擦除
速度

涂抹
人像保护
动画路径
保护笔
擦除
速度

图3-40

保存
00:00/00:10
视频剪辑
视频美容

滤镜
电影
17milan

图3-41

06 最后我们要把这个视频保存为可以循环播放的动态图片。点击页面右上角的⋮图标，然后点击页面上方的“GIF动画”，将“分辨率”设置为1080P，设置“帧率（FPS）”参数为24后，点击“保存到相册”，如图3-42所示。

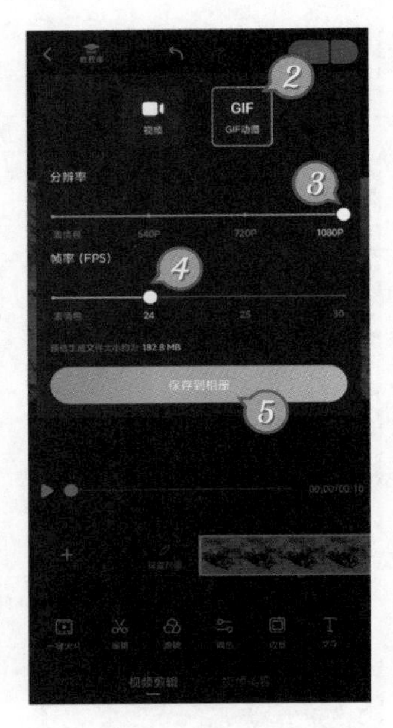

图3-42

秀遍朋友圈，制作精美的海报和拼图

很多人的朋友圈中都有几位新潮的好友，当别人还在忙着晒照片时，他们已经开始晒精美的海报和拼图了。爱美之心人皆有之，如果您也想装点一下自己的朋友圈，只要拿出手机，跟着本章的内容点几下屏幕，就能把普普通通的照片变成令人眼前一亮的海报拼图。

4.1 用美图秀秀制作照片封面

照片封面类似于图书杂志的封面，通过给照片添加标题、文字、图形等设计元素，既可以让照片变得更精美，还能传递信息或者表达自己的心情。作为一款全能型的照片处理应用，美图秀秀提供了完善的照片封面制作功能，操作起来也比较简单，甚至可以一键生成。现在就让我们了解一下用美图秀秀制作照片封面的详细步骤，实例效果如图4-1所示。

图4-1

观看教学视频

01 在美图秀秀的首页点击“图片美化”，打开素材照片。我们只要选择美图配方的分类标签，然后挑选一个模板，就能生成照片封面，如图4-2所示。

02 点击模板左侧的“更多”，可以用更加直观的大图模式显示模板。点击一个模板后，点击“使用配方”就能生成照片封面，如图4-3所示。

提示

遇到喜欢的模板时，可以点击“使用配方”左侧的★图标，把这个模板保存到美图配方的“收藏”标签中。

复古
星河灿烂
1
图片美化
相机
人像美容
拼图
视频剪辑
视频美容
热门素材
美图配方
美图热拍
首页
Plog
设计室
消息
我

保存
我和春一天
Spring 有個約會
春暖花開丨春色撩人
I HAVE A DATE WITH SPRING
图层
2
精选
我的
收藏
父亲节
毕业季
4
更多
3
美图配方
智能优化
编辑
滤镜
调色

图4-2

古风
热门
父亲节
夏日
毕业季
天空/plog/小清新 望着天...
使用配方 11.2万人
中国潮色丨晓青山丨
1
使用配方 9.3万人
休闲女孩风格 图片来自...
plog拍照配方 图源网络，...
精选
收藏
我的

椰桔子
+ 关注
2
使用配方 9.3万人

图4-3

03 返回到图片美化页面，点击页面左下方的“图层”，可以查看或修改美图配方的设置。点击“滤镜M8”图层前面的👁图标关闭这个滤镜，继续点击“对比度、高光”图层进入调色页面。点击“色彩”标签后，设置“色调”参数为-30，点击✓图标，让照片的颜色更鲜绿，如图4-4所示。

图4-4

04 在页面下方拖动工具栏，找到并点击“背景虚化”，点击“景深”后，设置“光斑”参数为25。继续点击“选区”标签，点击“直线”，如图4-5所示。

图4-5

05 设置“过渡”参数为70，然后参照图4-5调整焦距的位置。点击✓图标后，展开“图层”，按住“经典虚化”图层右侧的☰图标，将其拖到“对比度、高光”图层上方，如图4-6所示。

图4-6

06 点击“我和春天”图层进入贴纸页面，在预览窗口的文本框上点一下，就能修改标题的文本或字体，如图4-7所示。

图4-7

07 选中照片最下方的装饰文字，点击文本框右上角的✕图标，把这段文字删除。选择照片下方剩余的文字，拖动文本框调整文字的位置，如图4-8所示。

提 示

> 按住文本框右下角的🔄图标拖动，可以缩放和旋转文字。

图4-8

08 在页面下方拖动工具栏，找到并点击“边框”，利用模板给照片封面添加一个适合的边框，如图4-9所示。

09 点击页面右上方的图标，把修改后的美图配方保存起来。在美图配方中点击“我的”标签，就能看到保存的美图配方，如图4-10所示。

保存
我和春天
Spring 有個約會
春暖花開 | 春色撩人
I HAVE A DATE WITH SPRING
图层
1

我和春天
Spring 有個約會
春暖花開 | 春色撩人
I HAVE A DATE WITH SPRING
简单
2

图4-9

保存
1
我和春天
Spring 有個約會
春暖花開 | 春色撩人
I HAVE A DATE WITH SPRING
图层
2

保存
我和春天
Spring 有個約會
春暖花開 | 春色撩人
I HAVE A DATE WITH SPRING
图层
3
我的
4

图4-10

4.2 风靡朋友圈的九宫格拼图

微信朋友圈一次只能发9张照片，为了突破这个限制，有人想出了把多张照片拼成一张的办法。不久之后人们又发现，利用拼图不但能发更多的照片，拼图本身也很好看，于是拼图就成了很多照片处理应用的标配功能。本节我们就来学习如何用美图秀秀制作朋友圈中常见的九宫格拼图，实例效果如图4-11所示。

图4-11

观看教学视频

01 在美图秀秀的首页点击“拼图”，选择附赠素材提供的9张照片，选择完成后点击“开始拼图”，如图4-12所示。

我们也可以用视频拼图，包含视频的拼图会被保存为视频格式。

02 接下来点击页面下方的“模板”，选择一个模板就能看到拼图的效果。在“模板”样式栏中反复点击第一个图标，可以切换照片间的边框大小。点击页面上方的“无缝模式”，能把所有照片融合到一起，如图4-13所示。

复古
星河灿烂
图片美化
相机
人像美容
拼图
视频剪辑
视频美容
热门素材
美图配方
美图热拍
首页
Plog
设计室
消息
我

图片视频
全部
截屏
视频
请选择1 - 9个图片或视频
开始拼图

图4-12

无缝模式
保存
小边框
海报
模板
拼接
自由

常规模式
保存
无边框
海报
模板
拼接
自由

图4-13

03 把一张照片拖到另一张照片上，就可以交换两张照片的位置。点击一张照片将其选中，点击页面下方的“替换”，就能用另一张照片替换选中的照片，如图4-14所示。

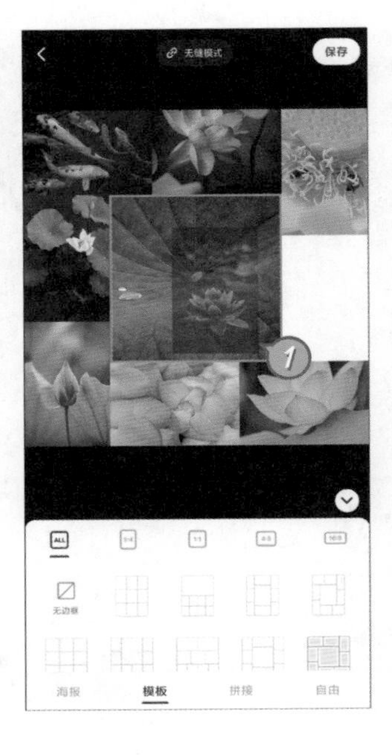

图4-14

04 拖动照片之间的边框，可以改变拼图的布局。继续使用双指缩放操作，逐个调整每张照片的显示大小，用拖动操作调整单张照片的位置，得到满意的效果后，点击页面右上角的“保存”，如图4-15所示。

图4-15

05 返回拼图页面，点击页面下方的“海报”，这里提供了很多预先设计好的拼图模板，可以一键生成各种漂亮的拼图海报。点击页面下方的“拼接”后，选择一个模板，就能把所有照片拼接成适合手机观看的长图，如图4-16所示。

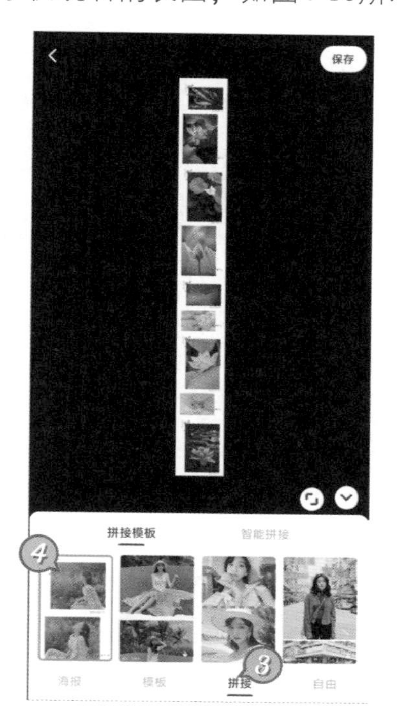

图4-16

4.3 拼接聊天记录和台词字幕

美图秀秀的智能拼接功能不但能把多张图片拼成一张长图，还能自动去掉图片上多余或重复的部分。当您需要保留某位好友的聊天记录，或者想把有意思的影视剧情分享好友看时，都可以使用这项功能快速拼接图片，实例效果如图4-17所示。

图4-17

观看教学视频

01 在美图秀秀的首页点击 “拼图”，选择想要拼接在一起的聊天记录截图，选择完成后点击“开始拼图”。点击页面下方的“拼接”，然后点击“智能拼接”，如图4-18所示。

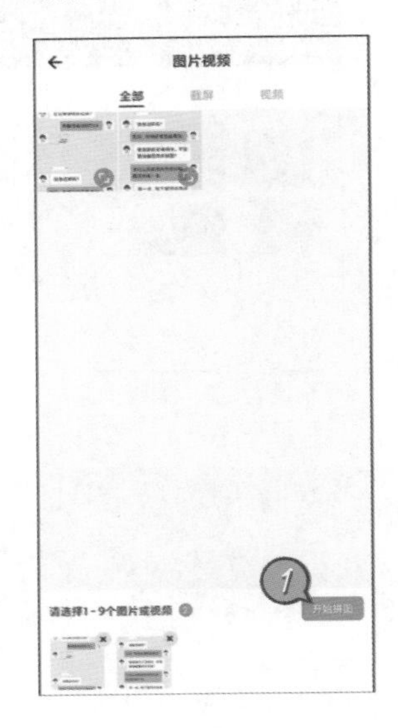

图4-18

02 点击⌜⌟图标显示出完整的拼图效果，按住任意一张截图，截图变成灰色后上下拖动，就能调整图片的先后顺序。点击“聊天记录”，就能得到完整且连续的聊天记录截图，如图4-19所示。

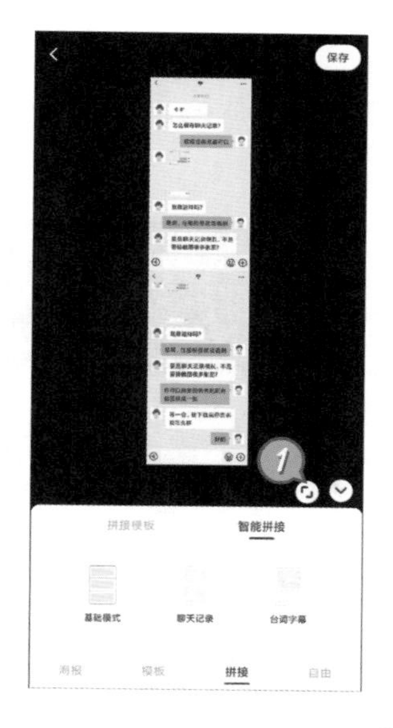

图4-19

03 返回美图秀秀的首页，点击“拼图”后，选择所有想要拼接的视频截图，选择完成后点击“开始拼图”。点击页面下方的“拼接”，然后点击“智能拼接”，如图4-20所示。

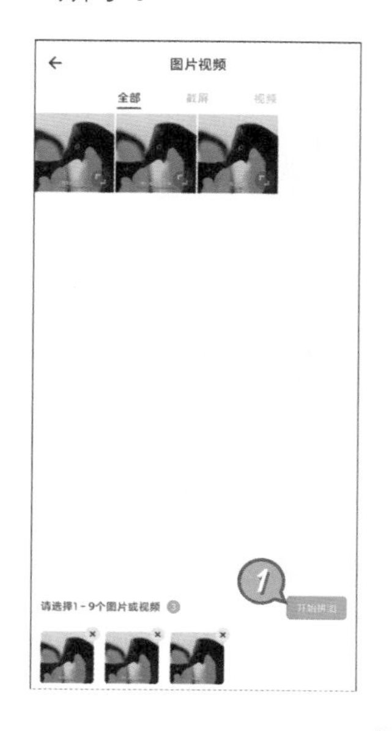

图4-20

04 点击“台词字幕”后，按住任意一张截图，上下拖动调整截图的顺序。调整完成后，将“台词高度”设置为0，再次将“台词高度”参数设置为20，就能得到我们想要的效果，如图4-21所示。

图4-21

4.4 制作九宫格分割照片效果

拼图能让我们得到与众不同的照片，如果把这个过程反过来，把一张照片切割成很多张，是不是也能得到类似的效果？能分割照片的应用有很多，本节我们将使用一款叫作“照片切图与拼图”的免费应用，制作九宫格分割照片的效果，实例效果如图4-22所示。

图4-22

观看教学视频

01 运行照片切图与拼图，点击首页上的“九格切图”，选择一张要切割的照片后，点击“下一步”，如图4-23所示。

图4-23

02 在默认设置下，应用会把照片分割成九张长和宽都相等的图片，如果我们不想改变照片的原始比例，可以点击页面上方的“任意”，如图4-24所示。

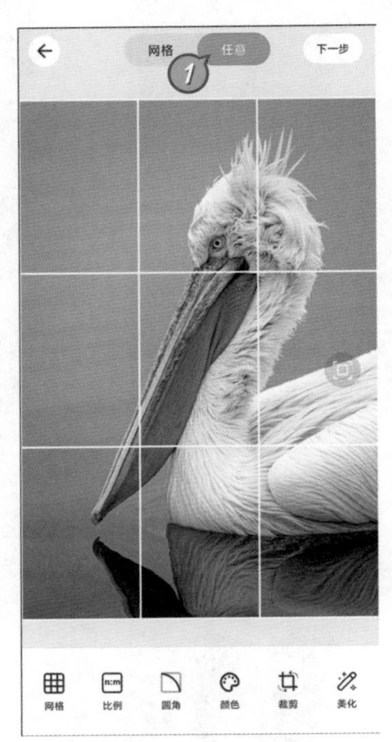

图4-24

03 点击页面下方的“网格”，可以设置将照片分割成多少份，设置完成后点击“下一步”，继续点击“保存”，把分割好的照片保存到手机上，如图4-25所示。

> 照片的分割数量最好不要超过9张，这是因为所有分割的图片还要使用拼图功能重新拼回来，而大多数拼图应用最多只能拼9张照片。

04 返回首页，点击“布局拼图”，选择所有的分割图片后，点击“下一步”。先按住任意一张图片，然后把图片拖到另一张图片上就可以替换位置。像玩拼图游戏一样，把所有图片调整到正确的位置，结果如图4-26所示。

网格
任意
下一步
3
2
3
3
1
网格
比例
圆角
颜色
裁剪
美化

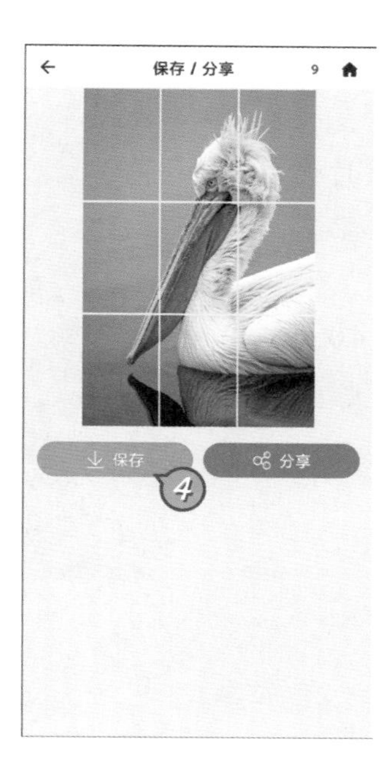
保存 / 分享
9
保存
分享
4

图4-25

艺术滤镜
多种艺术风格迁移
试一试
美颜美化
九格切图
长图拼接
水平/垂直长图
台词拼接
1
布局拼图
自由拼图
形状切图
多种可编辑的形状
添加背景
批量添加背景

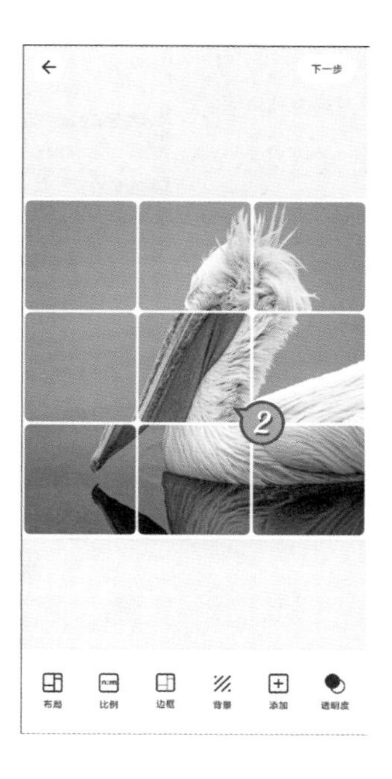
下一步
2
布局
比例
边框
背景
添加
透明度

图4-26

05 点击页面下方的“比例”，选择“2:3”，让照片恢复正确的长宽比。点击页面下方的“边框”，将四周边框设置为40，将内部边框和边框圆角设置为30，如图4-27所示。

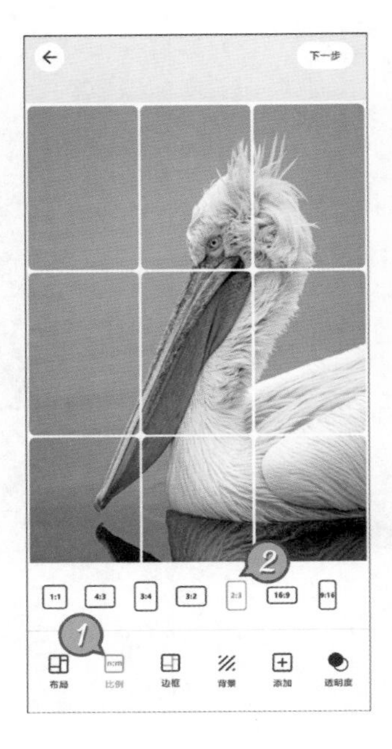

图4-27

06 点击页面下方的“背景”，选择一种背景颜色后，点击×图标。点击页面下方的“透明度”，将透明度参数设置为80，如图4-28所示。

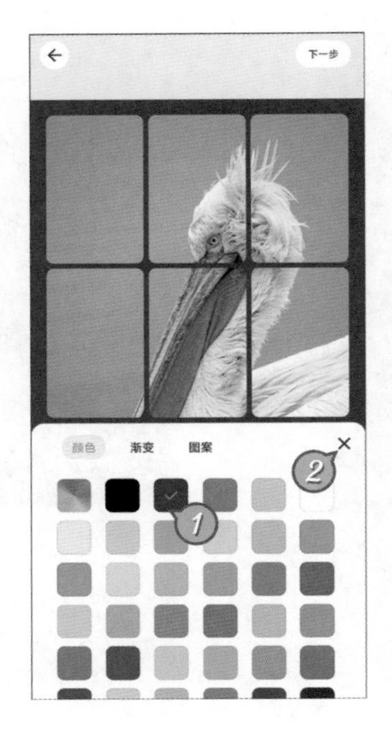

图4-28

07 选中左上角的一块拼图，拖动页面下方的工具条，找到并点击“透明度”，将透明度参数设置为0。分别选择相邻的两块拼图，将透明度参数设置为40。点击页面右上角的“下一步”，然后点击“保存”，把制作好的拼图保存到手机上，如图4-29所示。

图4-29

08 这款应用不但能分割和拼合照片，还能用各种形状切图。返回到照片切图与拼图的首页，点击“形状切图”，选择一张要处理的照片后，点击页面右上角的“下一步”，如图4-30所示。

图4-30

09 点击页面下方的“形状”，选择“字母”标签后，点击字母“N”。继续点击页面下方的“边框”，将边框大小设置为100，如图4-31所示。

图4-31

10 点击页面下方的“背景”，选择“渐变”标签后，选择一个渐变预设。我们也可以点击页面下方的“模糊”，点击“相册”后，打开一张照片作为背景，如图4-32所示。

图4-32

4.5 快速制作各种类型的海报

在表现形式方面，海报和封面照片没有多大区别，只不过封面照片更注重展示，海报则偏向于宣传。本节我们将使用海报工厂这款应用制作两种风格的海报，实例效果如图4-33所示。

图4-33

观看教学视频

01 很多中老年朋友都喜欢在微信群里用表情包发送问候，如果您的手机上安装了海报工厂，不用一分钟就能制作出漂亮的问候海报，并发到微信群中。运行海报工厂，在首页可以看到各种类型的海报模板，我们可以在页面最上方的搜索栏中快速找到想要的海报，如图4-34所示。

提示

> 海报工厂和美图秀秀是同一个公司的产品，在美图秀秀的首页点击“海报模板”，可以看到和海报工厂完全相同的功能。之所以使用海报工厂，是因为美图秀秀制作的海报有水印，要想去除水印或者使用更多的模板，就要购买VIP，在海报工厂中则没有任何限制和收费项目。

图4-34

02 点击一个模板后，点击“开始设计”，然后用海报工厂的账号登录海报模板。进入“编辑”模式后，点击海报的背景图像，继续点击页面下方的“替换”，用手机里的照片替换海报的背景，如图4-35所示。

图4-35

03 点击海报上的日期后，点击页面下方的“样式”，再点击“编辑”标签，就能修改海报上的文本或数字，如图4-36所示。

图4-36

04 点击页面右下方的“图层”，然后点击图层前面的👁图标，隐藏不需要的元素。继续点击页面右上方的“保存”，修改好的海报就被保存到手机上了，点击页面下方的“微信好友”，就能把海报发送到微信群里，如图4-37所示。

图4-37

05 除了替换照片和修改文字以外，我们还能对更多的设计元素进行调整。点击⌂图标，返回海报工厂的首页，点击“拼图晒照”标签右侧的“更多”，继续点击如图4-38所示的模板后，点击“开始设计”。

图4-38

06 先替换海报上的两张照片，然后点击页面右下方的“图层”。点击图层上方的“多选”，选中前3个图层后，点击页面下方的“删除”，如图4-39所示。

图4-39

07 选中尺寸较小的照片，点击页面下方的“形状”后，选择圆形。拖动照片边框右下角的⌐图标调整照片的大小，按住边框拖动调整照片的位置，结果如图4-40所示。

图4-40

08 展开图层，按住图层右侧的☰图标，将图层上移两层。选中如图4-41所示的图层，按住☰图标，将图层拖到照片图层下方，继续点击页面下方的“形状”，然后选择圆形。

图4-41

09 拖动图层边框上的图标，将尺寸调整为略大于圆形照片。继续拖动边框，与圆形照片的位置对齐，如图4-42所示。

图4-42

10 最后选中尺寸较大的照片，调整照片的位置完成海报的制作。点击页面右上角的“保存”，保存完成后，点击图标返回首页，在页面下方点击“我的”，可以找到所有的作图记录，如图4-43所示。

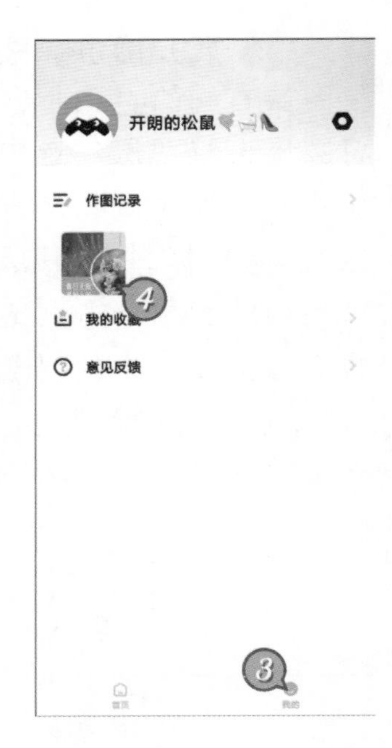

图4-43

视频剪辑入门，熟悉常用的剪辑工具

随着短视频的持续火爆，越来越多的人开始使用视频的方式记录生活，对视频剪辑的需求自然也就水涨船高。本章中，我们就来学习用剪映在手机上剪辑视频的方法。在众多视频剪辑应用中，剪映具有界面友好、简单易用、视频处理功能全面、没有内置收费项目和广告等优点，是手机端视频剪辑用户，特别是新手用户的首选应用。

5.1 分割与合并手机视频

所谓的视频剪辑，就是对视频素材进行分割与合并，然后加入配音、字幕、特效等元素，最终组合成新视频。在视频剪辑的过程中，分割与合并视频是最基础的操作，现在我们就通过一个实例学习在剪映中分割与合并视频的方法，实例效果如图5-1所示。

图5-1

观看教学视频

01 运行剪映，点击首页上的“开始创作”后，点击素材缩略图右上角的圆圈，选择要处理的视频。在这个页面中选择多个视频，就能把多个视频合并到一起。选择完成后，点击右下角的“添加”进入编辑页面，如图5-2所示。

图5-2

02 点击视频轨道右侧的＋图标，可以为当前编辑的影片添加更多的视频或照片素材。在视频轨道上按住一个素材，当素材变成缩略图后左右拖动，就能改变素材的顺序，如图5-3所示。

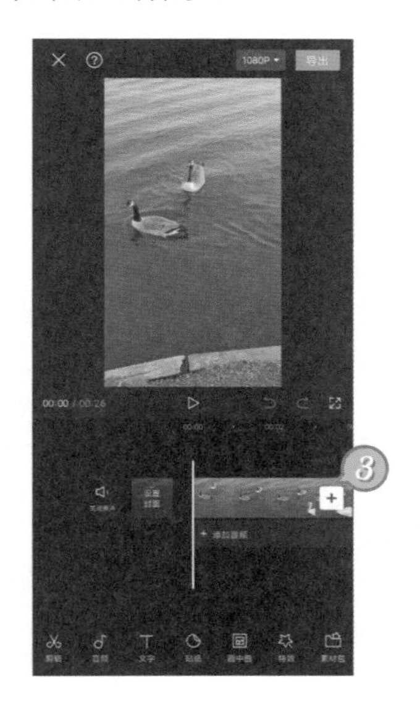

图5-3

03 如果某个视频的时间过长或者有不需要的部分，我们可以在视频轨道上点击这个素材将其选中，按住素材两侧的白色边框后左右拖动，就能修剪视频的时长，如图5-4所示。

图5-4

04 假设我们想精确地把第一个视频素材裁剪为10秒，可以左右拖动视频轨道，将编辑区中央的白色指针对齐到10秒的位置，点击页面下方的“分割”，这个视频就被拆分成两段了。接下来选中不需要的那一段视频，然后点击页面下方的“删除”，如图5-5所示。

图5-5

05 如果我们想要去除视频中间部分的时长，可以把视频分割成三段，然后将第二段视频删除，如图5-6所示。

图5-6

06 点击两段视频连接处的 | 图标，然后点击页面下方的缩略图，就能添加各种类型的转场。选择一种转场效果后，拖动页面下方的圆形滑块，可以设置转场持续的时间。点击页面左下角的“全局应用”，可以把当前选中的转场应用到所有视频的连接处，如图5-7所示。

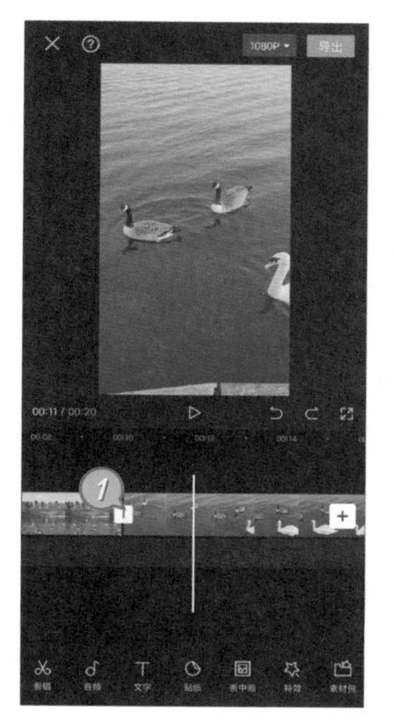

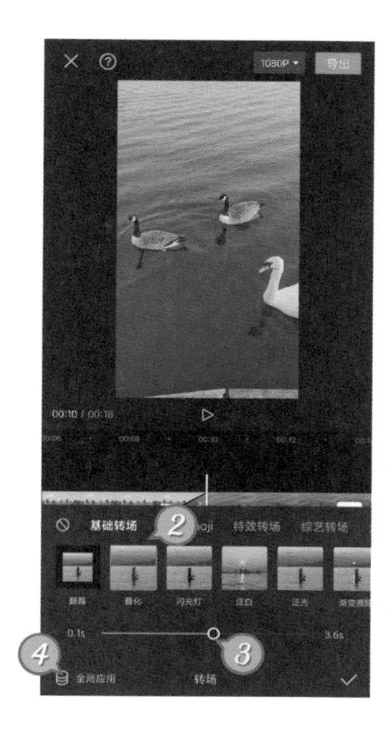

图5-7

07 添加了转场后，视频连接处的图标会变成⋈显示。再次点击这个图标，就能选择其他的转场效果。点击转场类型标签左侧的⊘图标，可以删除视频片段之间的转场，如图5-8所示。

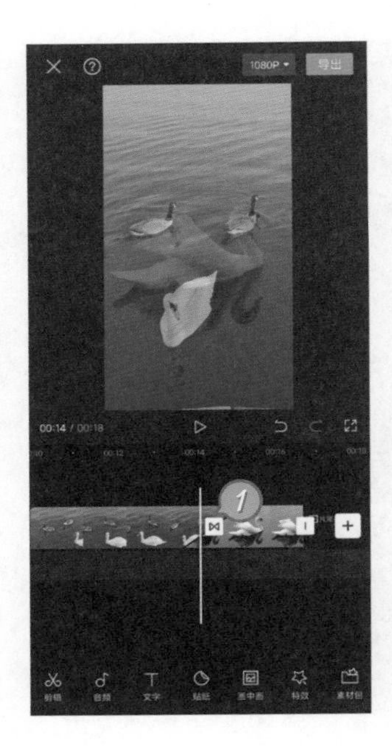

图5-8

08 在默认设置下，剪映会在视频的最后添加片尾。不想要片尾的话，我们可以选中片尾后，点击页面下方的“删除”。如果您觉得每次都要删除片尾很麻烦，可以点击页面左上角的✕图标退出编辑页面，然后点击首页右上角的⚙图标，关闭“自动添加片尾”选项，如图5-9所示。

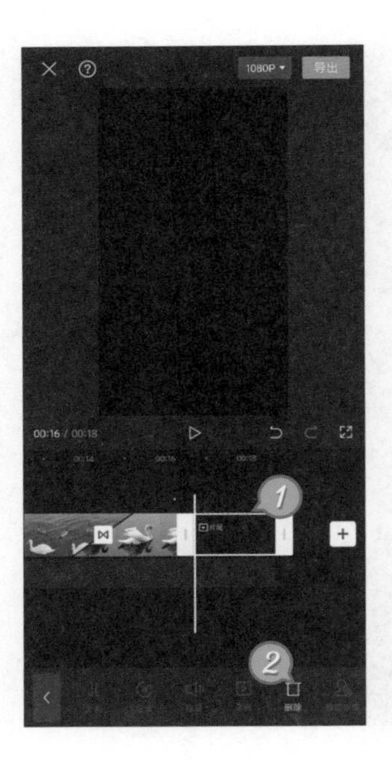

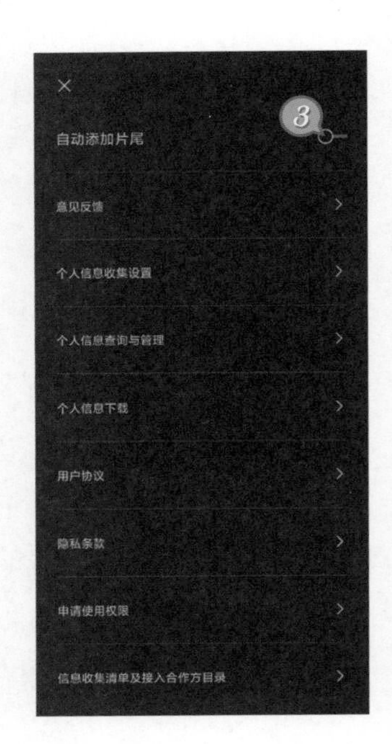

图5-9

09 无论是编辑完成还是中途退出编辑的影片，只要在首页的“本地草稿”中点击影片的缩略图，就能回到剪辑页面继续编辑，如图5-10所示。

图5-10

10 点击页面右上角的“1080p”，可以设置输出影片的分辨率和帧率。最后点击页面右上角的“导出”，等待渲染结束后，编辑好的视频就被保存到手机上了，如图5-11所示。

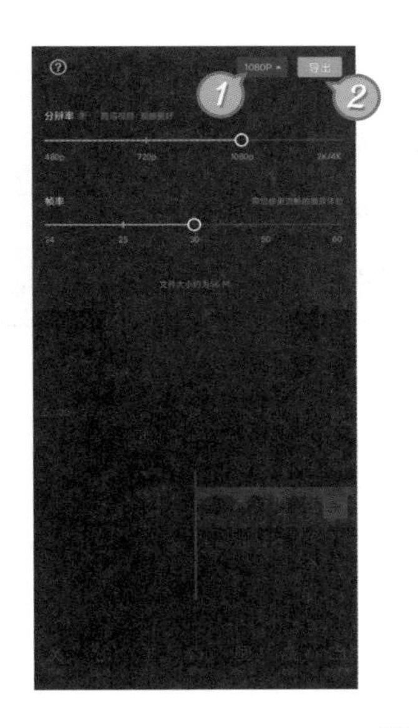

图5-11

提示

分辨率越高，输出的视频越清晰；帧率越高，输出的视频看起来越流畅。

5.2 视频调色和去除抖动

手机毕竟不是专业的摄影设备，拍摄出来的视频难免会出现偏色、抖动、曝光不足等问题。利用剪映提供的滤镜和调节功能，我们不但能像处理照片那样修复视频，还能把视频调出大片感。本节我们就通过一个实例学习视频调色和去除抖动的方法，实例效果如图5-12所示。

图5-12

观看教学视频

01 运行剪映，点击首页上的“开始创作”后，打开要处理的视频。点击预览窗口下方的▷图标播放视频，可以看到，这段视频的曝光和色彩都不理想，画面的抖动也比较严重，如图5-13所示。

图5-13

02 我们先来调整视频的亮度和色彩。点击页面下方的“调节”工具，设置“光感”参数为20，如图5-14所示。

图5-14

03 继续设置“饱和度”参数为20，设置“色调”参数为-20，然后点击页面右下角的✓图标，如图5-15所示。

按住视频的预览窗口就能看到视频处理前的效果，点击预览窗口下方的⤢图标，可以最大化显示视频。

图5-15

04 接下来我们去除画面的抖动。选中视频轨道上的素材，然后点击页面下方的“防抖”。将圆形滑块拖到“推荐”位置，点击页面右下角的✓图标就能去除抖动，如图5-16所示。

图5-16

05 对于这种画面变化不大的视频，我们还能更换天空背景。在编辑区的空白位置点击，取消视频素材的选取，然后将白色指针拖到视频开始处。点击页面下方的“画中画”，继续点击“新增画中画”后，点击“素材库”，如图5-17所示。

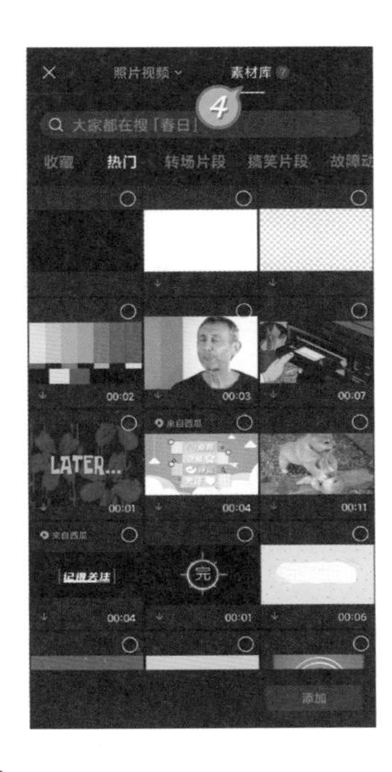

图5-17

06 在搜索栏中输入“天空”就能找到大量天空背景的视频素材，点击一个素材的缩略图可以查看素材的效果，找到适合的素材后，点击页面右下角的“添加”，如图5-18所示。

图5-18

07 点击页面下方的“变速”，然后点击“常规变速”。拖动圆形滑块，将速率设置为0.5后，点击页面右下角的✓图标，如图5-19所示。

图5-19

08 拖动天空素材右侧的白色边框，与视频轨道的时长对齐。在预览窗口用双指放大天空素材的尺寸，然后将其拖动到视频的顶部，如图5-20所示。

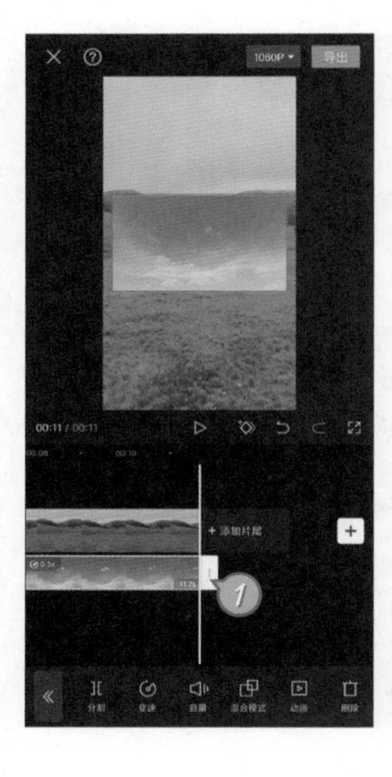

图5-20

09 点击页面下方的“混合模式”，然后将混合模式设置为“正片叠底”。点击页面右下角的✓图标后，点击页面下方的“蒙版”，继续选择“线性”蒙版，如图5-21所示。

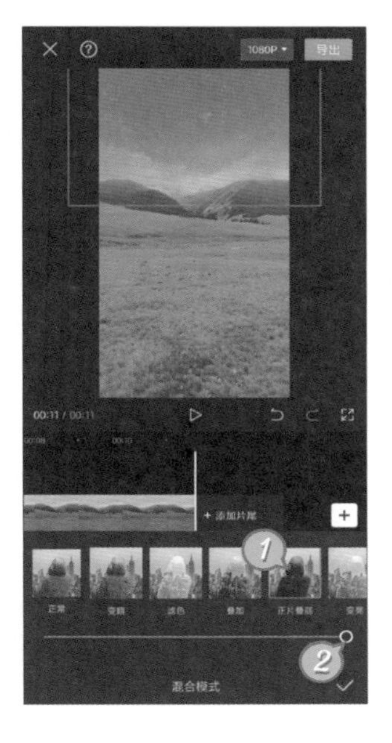

图5-21

10 在预览窗口中先将⌄图标向下拖到最底部，然后将黄色线条拖到如图5-22所示的位置。最后点击页面下方的“调节”，将“饱和度”参数设置为-15。

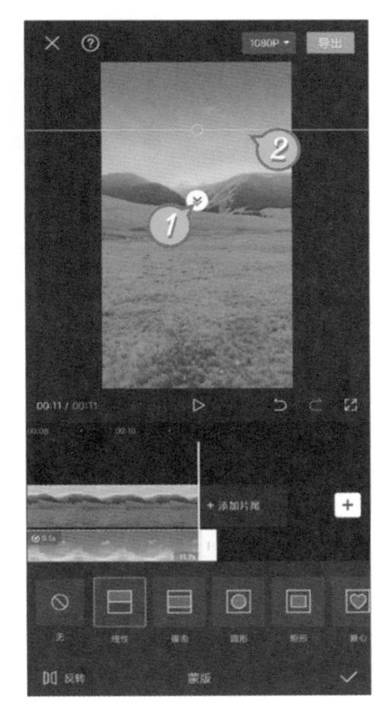
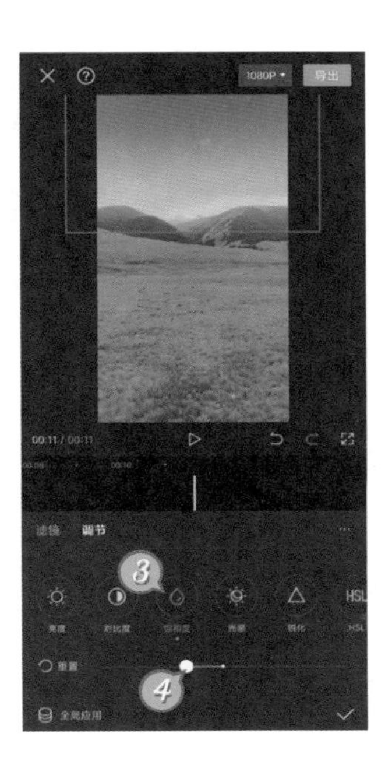

图5-22

5.3 添加背景音乐和音效

音乐和音效是视频作品中必不可少的元素，特别是制作卡点视频等短视频作品时，音乐的作用甚至比视频素材还要重要。本例中，我们就来制作一个卡点视频的实例，在制作实例的过程中，学习为视频作品添加和编辑音频的方法，实例效果如图5-23所示。

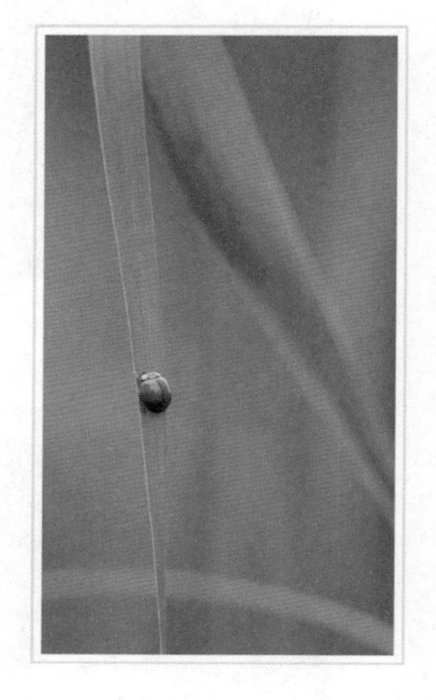

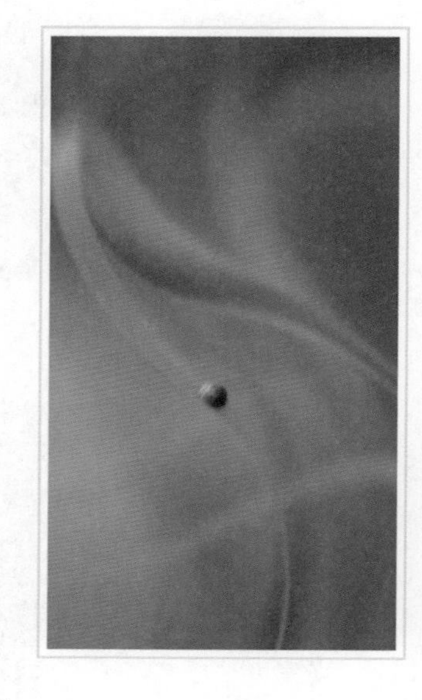

图5-23

观看教学视频

01 运行剪映，点击首页上的“开始创作”后，任意添加一张照片素材。点击页面下方的“音频”，然后在二级菜单中点击“音乐”，如图5-24所示。

02 我们可以通过标签分类查找歌曲类型，然后点击封面缩略图试听音乐。也可以在页面上方的搜索栏中直接输入歌曲的名称，点击“使用”就能把音乐添加到音频轨道上，如图5-25所示。

照片视频
素材库
视频
照片
1
高清
2
添加

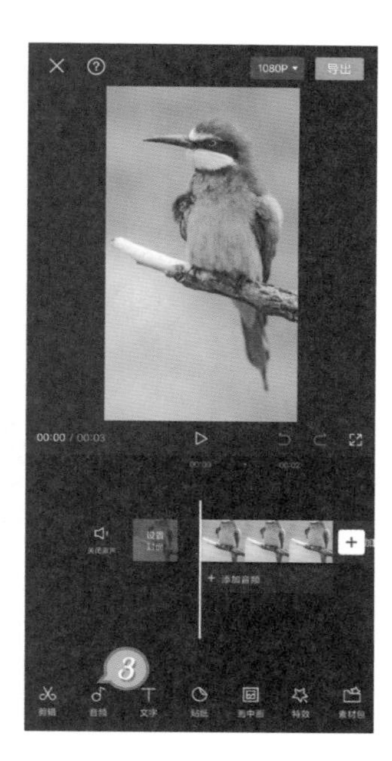
1080P
导出
00:00 / 00:03
+ 添加音频
3
剪辑
音频
文字
贴纸
画中画
特效
素材包

图5-24

添加音乐
搜索歌曲或歌手
抖音
卡点
纯音乐
VLOG
旅行
亲情
推荐音乐
收藏
抖音收藏
导入音乐
送给未来的你
04:22
快乐是什么（海绵宝宝）
02:18
中国风
00:49
自愈（DJ版）（剪辑版）

添加音乐
有何不可
取消
1
有何不可 Part2
00:35
使用
有何不可（钢琴版）
01:03
使用
2
有何不可
00:40
有何不可（小提琴版）
01:52
有何不可
00:15
有何不可（伴奏）
02:37
有何不可（剪切版）（Cov...
00:30
有何不可（cover许嵩）
04:00
有何不可

图5-25

03 选中音频轨道上的音乐后，点击页面下方的“踩点”，开启“自动踩点”选项，然后点击“踩节拍Ⅰ”，音频轨道下方就会出现黄色的踩点标志，如图5-26所示。

提示

将白色指针对准一个踩点标志，点击下方出现的“删除点”，就能将其删除。

图5-26

04 当前的音乐比较长，我们需要截取其中的部分段落。将白色指针对齐到10秒处，点击页面下方的“分割”。接下来选中分割后的第二段音乐，点击页面下方的“删除”，如图5-27所示。

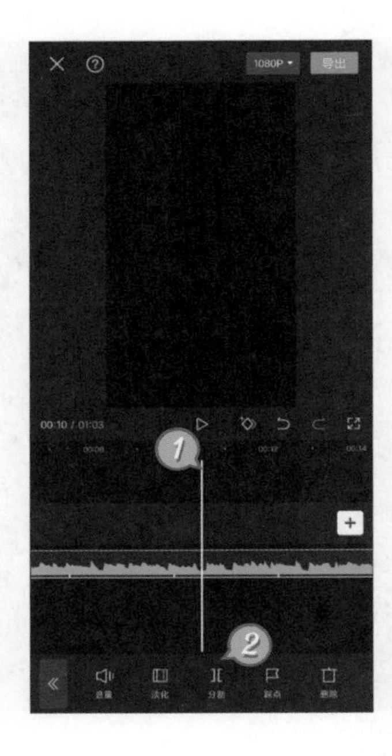

图5-27

05 选中音频轨道上的素材，点击页面下方的“音量”就可以调整音量大小。为了让音乐结束时更加自然，我们可以点击页面下方的“淡化”，将“淡出时长”设置为2秒，如图5-28所示。

图5-28

06 剩余的音频被踩点标志分成了4个段落，接下来我们点击视频轨道右侧的＋图标，再添加3个照片素材。在视频轨道上选中第一个素材，拖动右侧的白色边框，将素材的时长与第一个踩点标志对齐，如图5-29所示。重复前面的操作，将所有照片的时长与对应的踩点标志对齐。

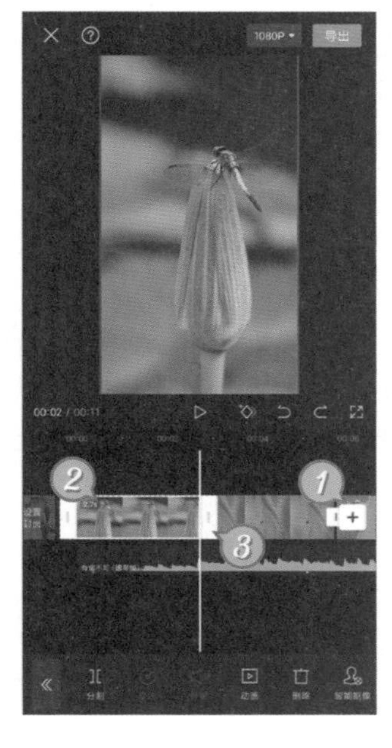

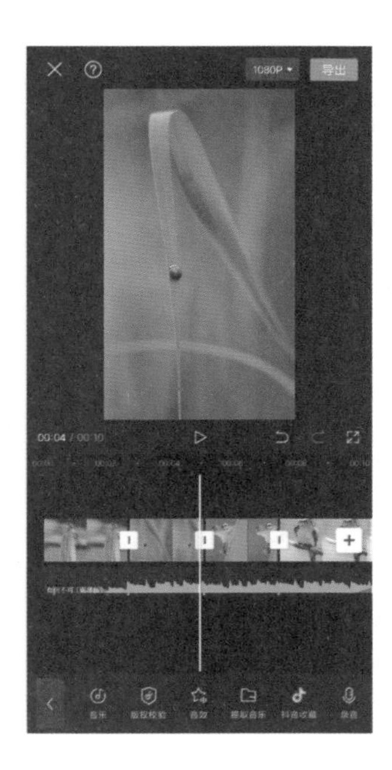

图5-29

07 我们还要给照片素材添加动画和转场，让音乐节奏和画面的变化相互契合。选中第一个照片素材，点击页面下方的“动画”，然后点击“入场动画”。点击应用“缩小”动画后，将圆形滑块拖到最右侧，如图5-30所示。

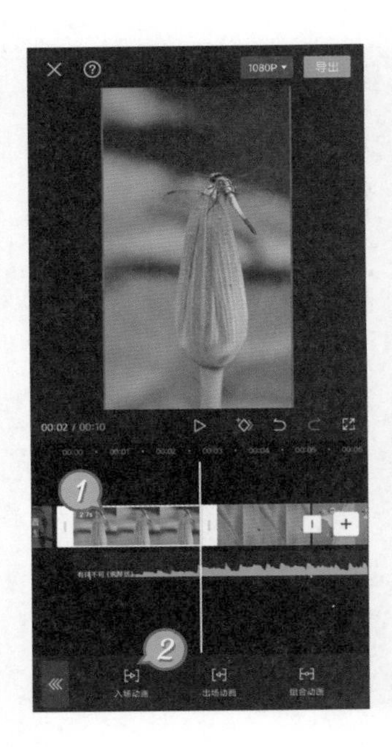

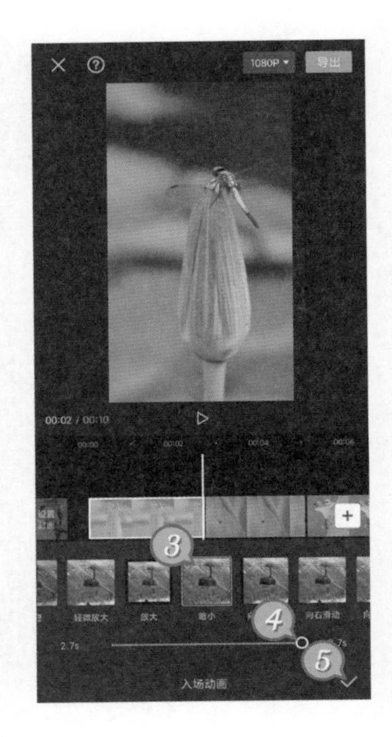

图5-30

08 继续为剩余的所有照片素材添加“缩小”动画，然后将圆形滑块拖到最右侧。返回编辑页面，点击前两个照片素材之间的 | 图标，添加“运镜转场”标签中的“色差顺时针”转场，如图5-31所示。

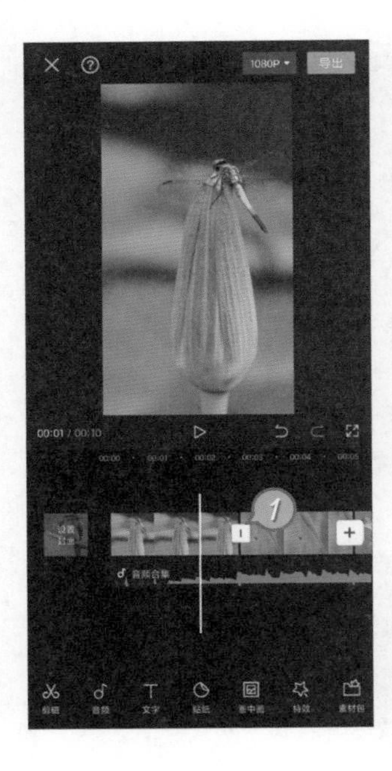

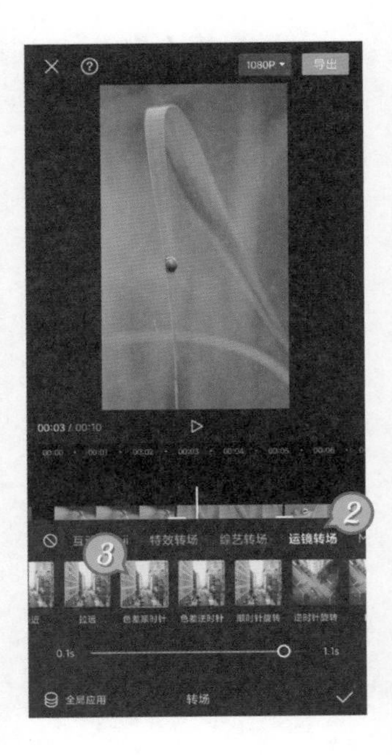

图5-31

09 点击第二个和第三个照片素材之间的 | 图标，添加“色差逆时针”转场。点击最后两个素材之间的 | 图标，添加“基础转场”标签中的“闪光灯”转场，设置转场持续时间为0.5秒，如图5-32所示。

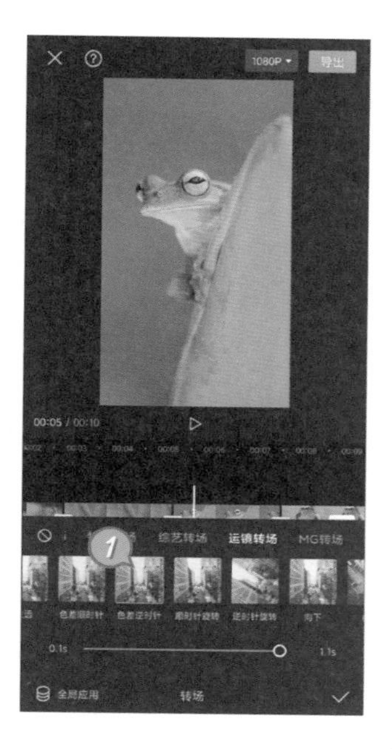

图5-32

10 选中倒数第二个照片素材，拖动右侧的白色边框，让转场的时间与踩点标志对齐。选中最后一个照片素材，拖动右侧的白色边框，与音乐的时长对齐，如图5-33所示。

图5-33

11 将白色指针拖到7秒处，点击页面下方的“音频”后，点击“音效”。继续在搜索栏中输入“快门”，最后点击“使用”，为闪光灯转场添加音效，如图5-34所示。

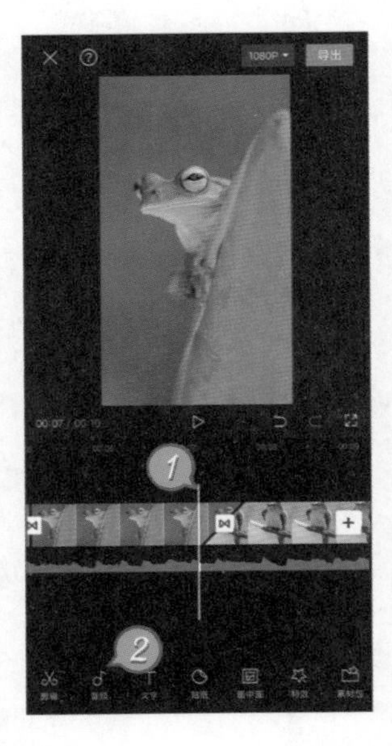

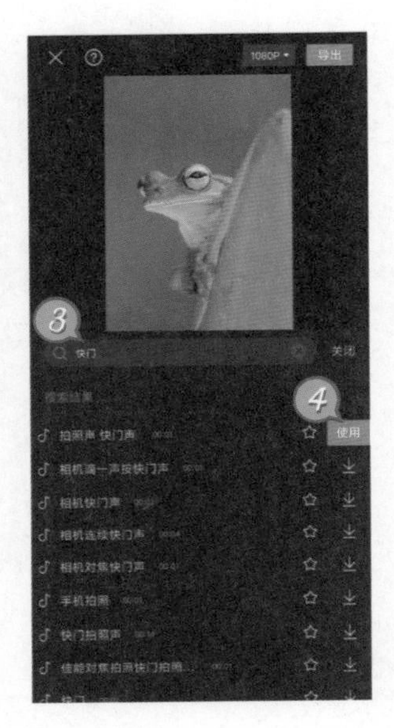

图5-34

5.4 为视频添加标题字幕

除了画面和声音以外，文字也是视频作品中的重要元素。视频中的文字大多以标题和字幕的形式出现，既起到说明和强调的作用，又能带来视觉上的美感。本节我们就来学习在剪映中制作标题字幕的方法，实例效果如图5-35所示。

01 运行剪映，点击首页上的“开始创作”后，添加视频素材。我们首先为视频制作带有动画的标题，将白色指针拖到1秒处，点击页面下方的“文字”后，点击“文字模板”，如图5-36所示。

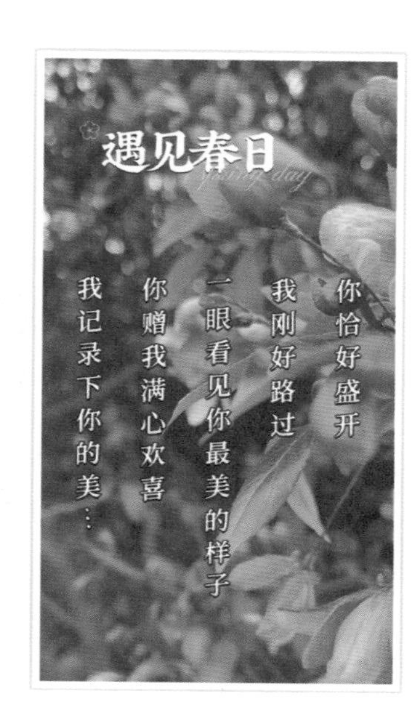

图5-35

观看教学视频

图5-36

02 点击“片头标题”标签后，选择一个适合的标题模板。点击✓图标后，按住标题素材右侧的白色边框，将标题的时长与视频素材对齐，如图5-37所示。

图5-37

03 在标题文字上点一下，修改标题的内容，如图5-38所示。

> 拖动标题时，预览窗口中会出现一个蓝色的安全框，将标题和字幕放到安全框的内部，既能保证修改视频的长宽比时，标题字幕不被修剪掉，又能得到较为美观的文字效果。

04 在预览窗口中按住标题文字，将其拖到画面的左上方。在编辑区域的空白处点一下，然后将白色指针拖到3秒处，点击页面下方的“新建文本”后，输入文字，如图5-39所示。

图5-38

图5-39

05 点击“字体”标签，将字体设置为“烟波宋”。继续点击“花字”标签，选择如图5-40所示的模板。

图5-40

06 点击“样式”标签，将“字号”设置为12。点击“排列”二级标签，点击 图标后，设置“字间距”为3、“行间距”为30后，点击✓图标，如图5-41所示。

图5-41

07 按住字幕素材右侧的白色边框，将标题的时长与视频素材对齐。在预览窗口中按住标题文字，将其拖到如图5-42所示的位置。点击页面下方的“文本朗读”，点击“女声音色”标签后，选择“心灵鸡汤”，点击✓图标就能给字幕添加配音。

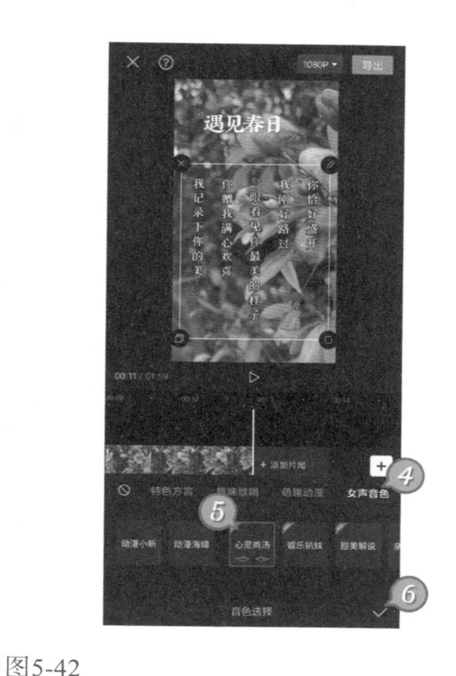

图5-42

08 接下来为字幕制作动画。点击页面下方的“动画”，选择“打字机Ⅰ”模板后，将页面最下方的滑块拖到最右侧，如图5-43所示。

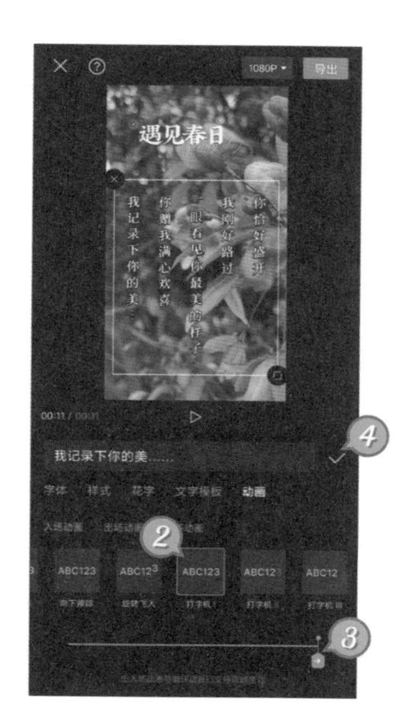

图5-43

09 最后我们给视频添加背景音乐，增强视频的表现力。点击〈图标返回编辑页面，将白色指针拖到视频的开始位置。点击页面下方的“音频”后，点击“音乐”，选择一首适合的背景音乐。选中背景音乐素材，点击页面下方的“音量”，设置音量大小为50，如图5-44所示。

图5-44

10 将白色指针拖到视频素材结束的位置，点击页面下方的“分割”，最后将第二段背景音乐删除，如图5-45所示。

图5-45

5.5 把横屏视频转成竖屏

横持手机拍摄的视频和绝大多数的影视作品都是16:9的宽高比，这样的视频在抖音、快手等短视频平台上播放时，大部分的画面会被黑色背景填充，非常影响观看体验。在本例中，我们就来学习把横屏视频转换成竖屏视频的方法，实例效果如图5-46所示。

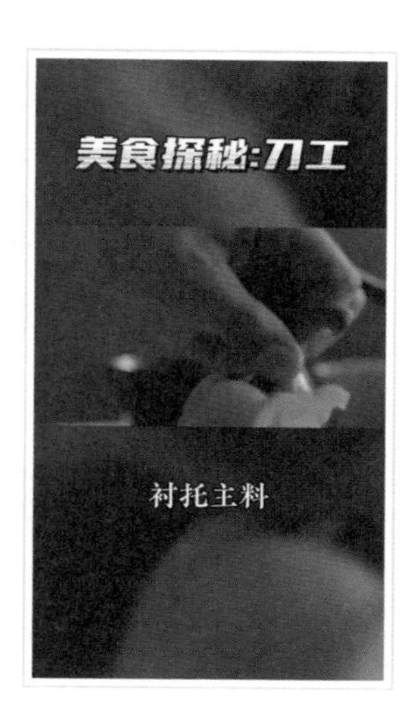

图5-46

观看教学视频

01 运行剪映，点击首页上的“开始创作”后，添加一个横屏视频。点击页面下方的“比例”，继续点击“9:16”，就能切换到竖屏的宽高比，如图5-47所示。

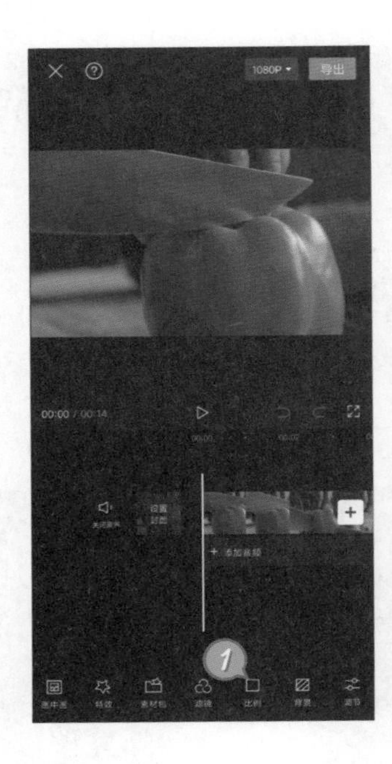
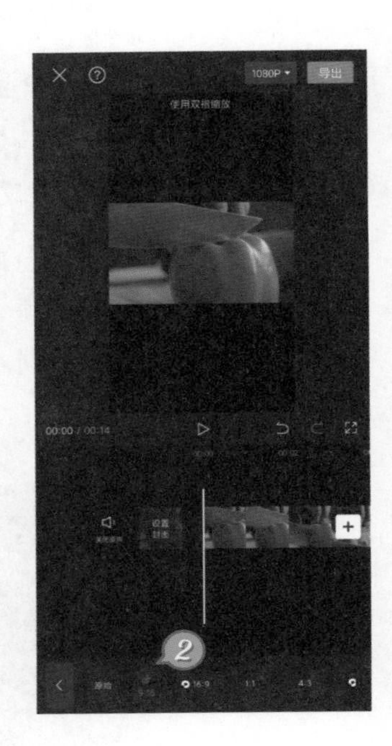

图5-47

02 为了避免产生大量的黑色区域，我们需要返回编辑页面，然后点击页面下方的“背景”。在二级菜单中点击“画布颜色”，可以用纯色填充视频的背景。点击“画布样式”，可以选择一种渐变色或者图案填充背景，如图5-48所示。

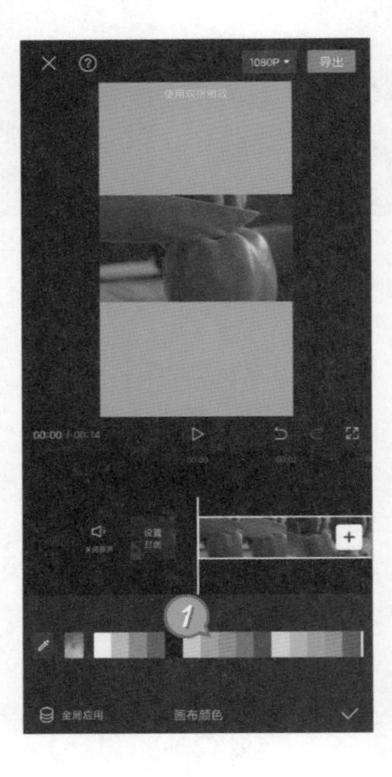
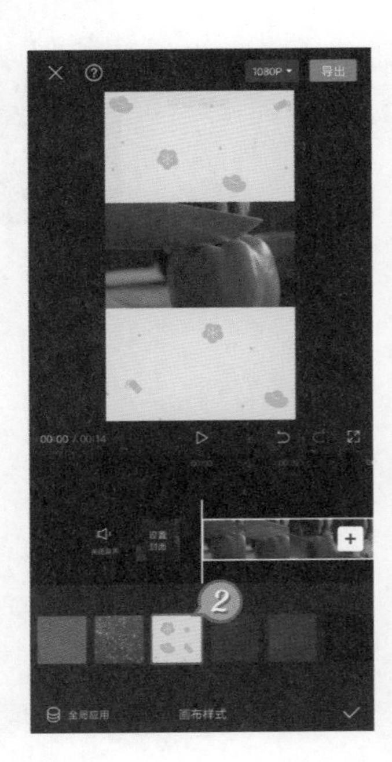

图5-48

03 点击页面下方的“画布模糊”，可以用模糊处理后的视频作为背景，这种处理方式在短视频平台上最为常见。接下来选中视频轨道上的素材，在预览窗口中向上移动一段距离，如图5-49所示。

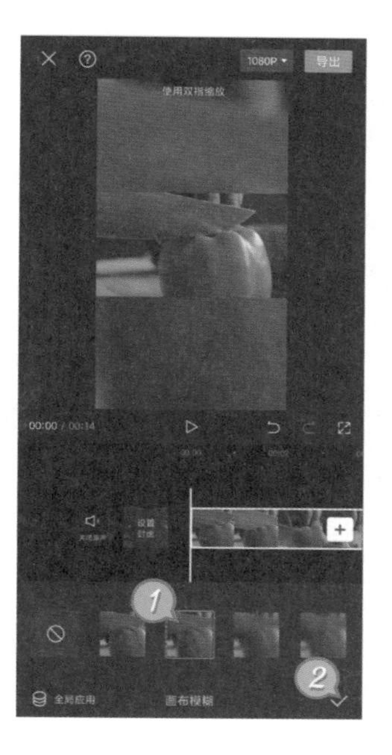

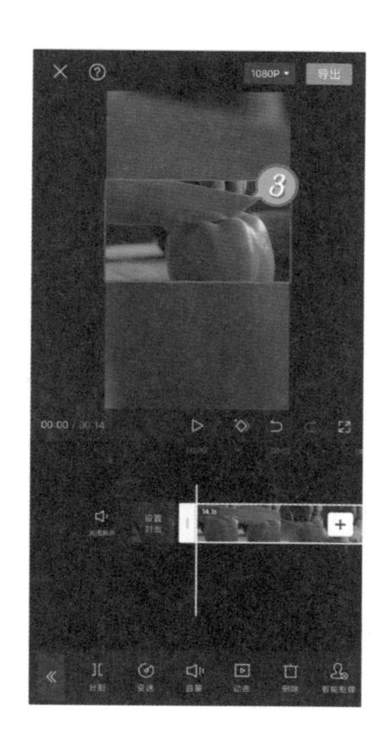

图5-49

04 在编辑区域的空白处点一下，取消视频素材的选择。点击页面下方的“文字”后，点击“识别字幕”，继续点击“开始识别”，把视频中的语音转换成文本形式的字幕，如图5-50所示。

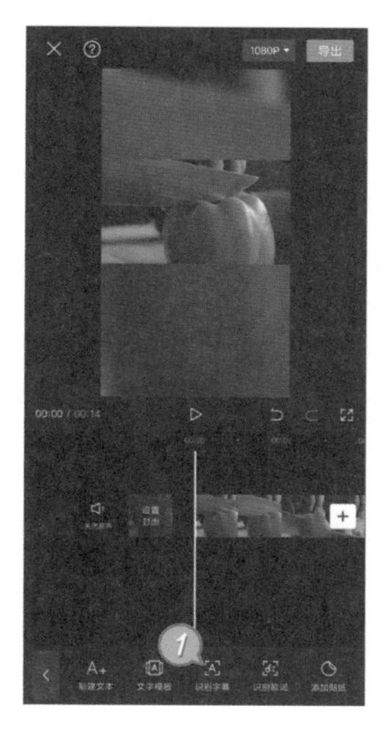

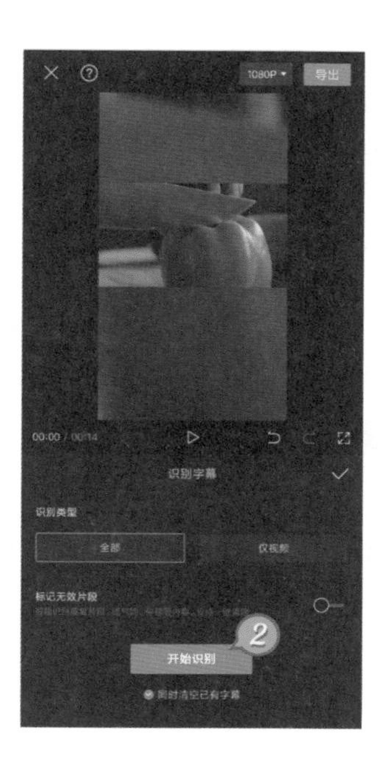

图5-50

05 点击页面下方的“批量编辑”，先看一下自动识别的字幕中有没有错别字，有的话可以点击对应的文字进行修改。点击页面下方的“编辑”，设置字幕的字体为“金陵体”，如图5-51所示。

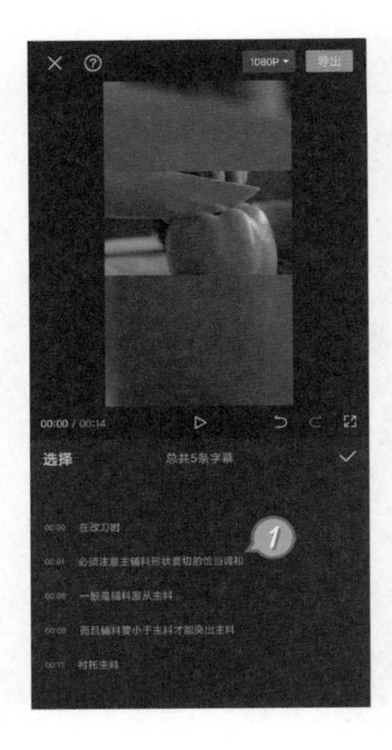

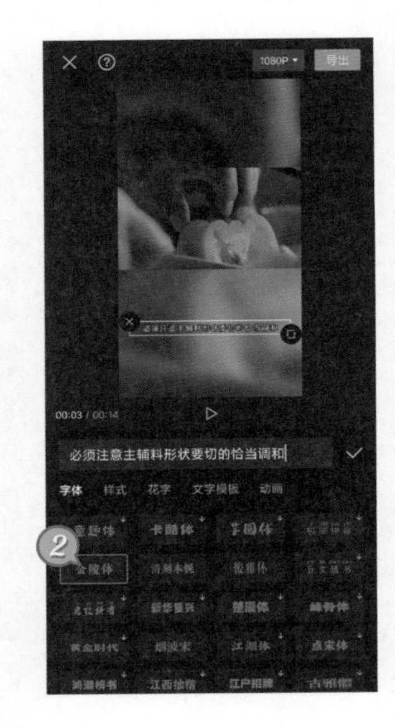

图5-51

06 点击“样式”标签，设置“字号”为14。点击“排列”标签，设置“行间距”为12，如图5-52所示。

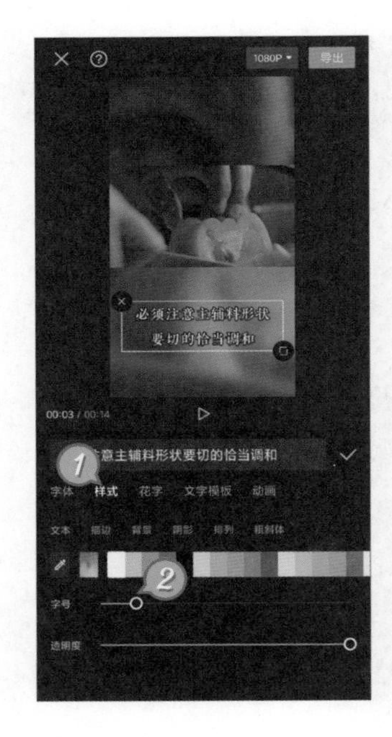

图5-52

07 在预览窗口中将字幕拖到靠近视频画面的位置，然后在空白处点一下，取消字幕的选择。将白色指针拖到视频开始的位置，点击页面下方的“新建文本”，输入标题文字，如图5-53所示。

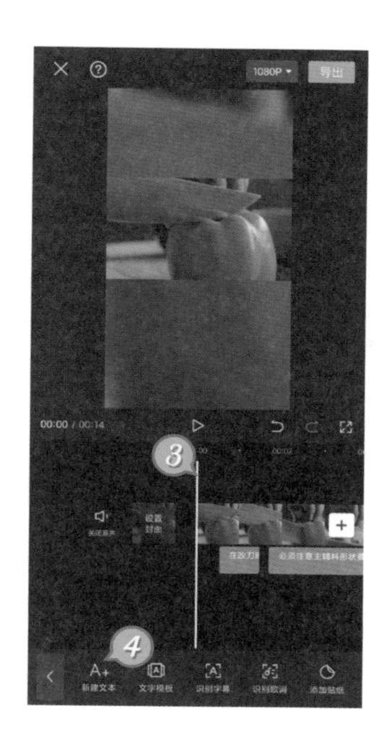

图5-53

08 点击页面下方的“编辑”，设置字幕的字体为“优设标题”。继续点击“样式”标签，设置“字号”为22，如图5-54所示。

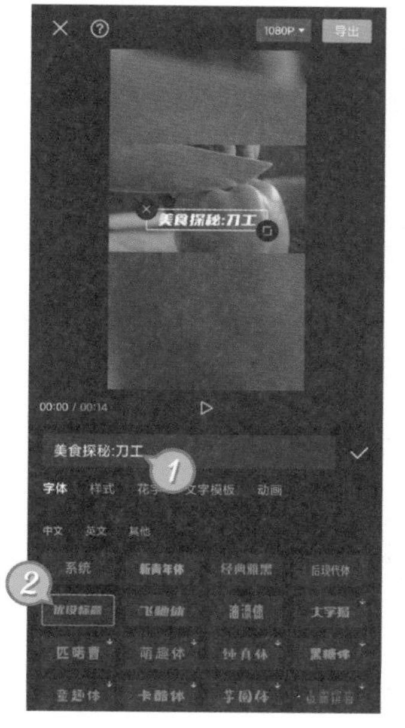

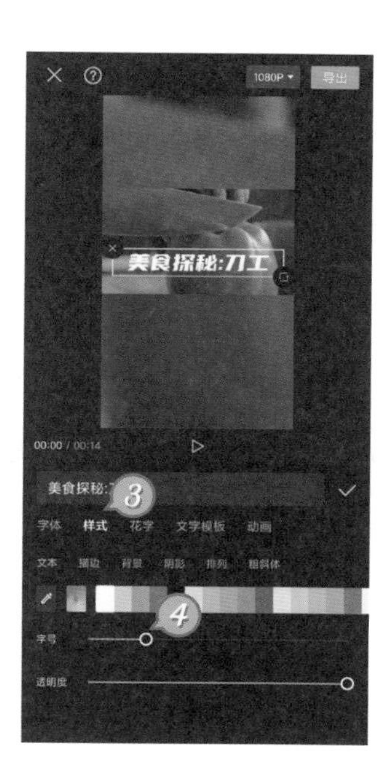

图5-54

09 点击“花字”标签，选择第3个花字模板。在预览窗口中将标题拖到视频画面的上方。最后按住标题素材右侧的白色边框，将标题的时长与视频的时长对齐，如图5-55所示。

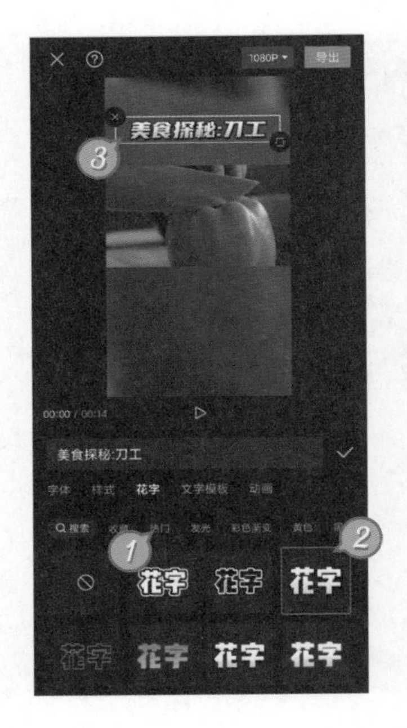

图5-55

10 除了设置背景以外，我们还可以用三分屏的形式将横屏视频转换成竖屏。返回剪映的首页，点击“开始创作”后，添加视频素材。继续点击页面下方的“比例”，点击“9:16”，如图5-56所示。

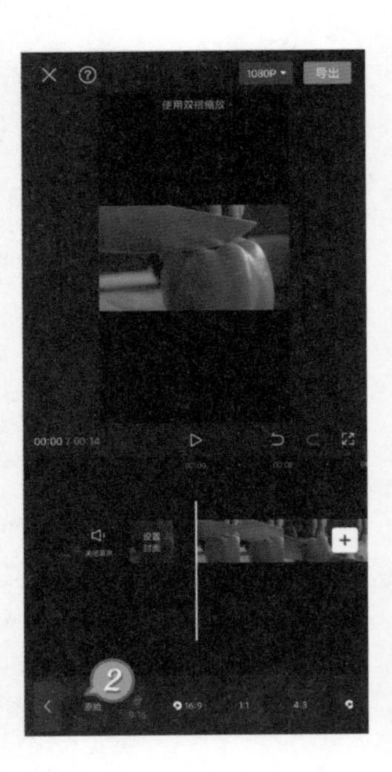

图5-56

11 点击页面下方的“特效”，然后点击“画面特效”。继续点击“分屏”标签后，应用“三屏”模板，如图5-57所示。

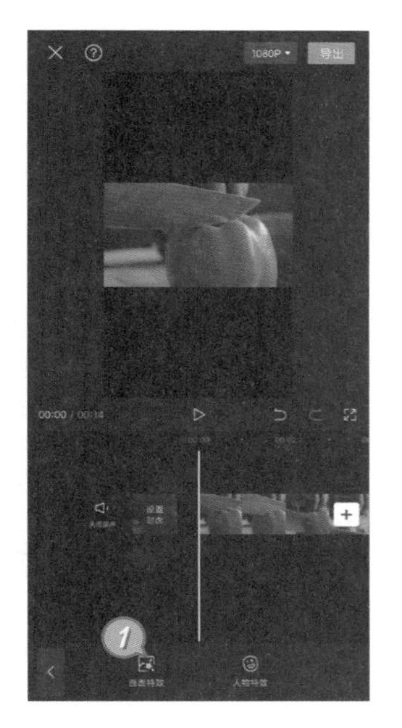

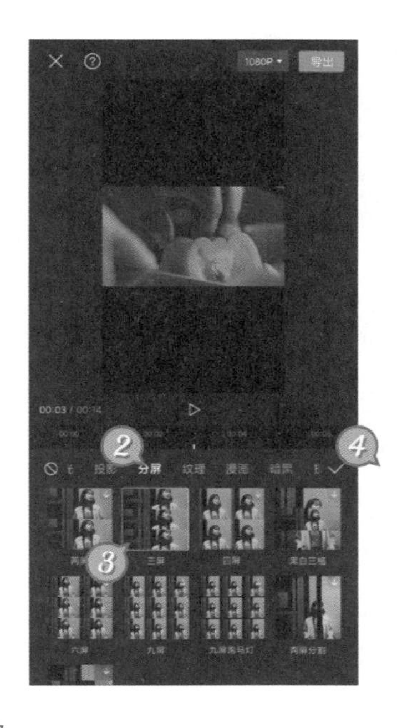

图5-57

12 点击✓图标后，点击页面下方的“作用对象”，点击“全局”，视频就被设置成三等分的状态。按住特效素材右侧的白色边框，将特效的时长与视频对齐。选中视频轨道上的素材，略微放大画面，三个画面就能变成无缝衔接的状态，如图5-58所示。

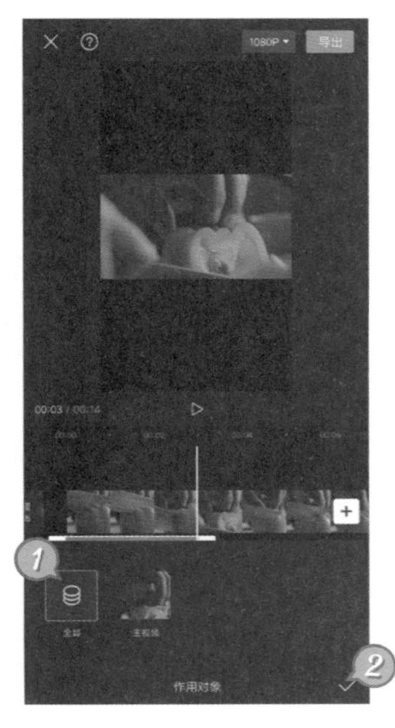

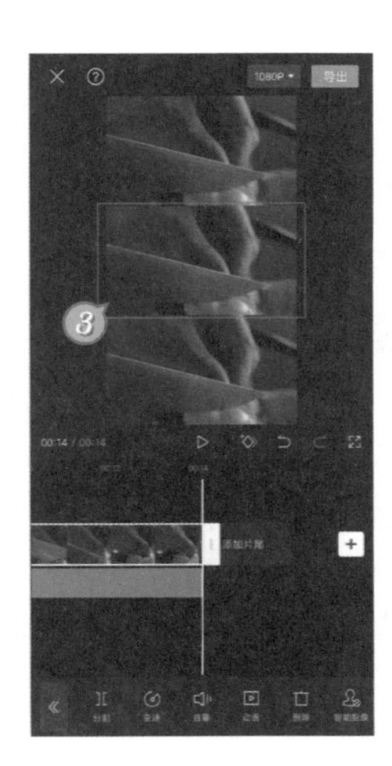

图5-58

第6章

进阶剪辑技巧，制作完整的视频作品

经过上一章的学习，我们已经对剪映这款应用有了大致的了解，熟悉了剪映的基本操作和主要剪辑工具的使用方法。在本章中，我们会利用剪映制作几个完整的视频作品，在制作实例的过程中，不但介绍更多的视频剪辑功能和剪辑技巧，还会讲解视频剪辑的思路和正确的剪辑顺序。

6.1 带字幕的音乐视频

音乐视频也就是大家熟知的MV短片，这种类型的视频在短视频平台中运用得非常广泛，不但可以利用照片素材制作MV风格的电子相册，还可以利用视频素材制作各种类型的纪念视频。现在我们就通过一个完整的实例学习音乐视频的制作流程，实例效果如图6-1所示。

图6-1

观看教学视频

01 运行剪映，点击首页上的“开始创作”，添加如图6-2所示的照片素材。点击页面下方的“音频”后，点击“音乐”，在搜索栏中搜索歌曲或歌手的名字，找到需要的歌曲后点击“使用”。

制作音乐视频时要注意，音乐是视频中最重要的元素，我们先要把音乐确定下来，然后根据音乐的主题、节奏和时长，搭配与之契合的画面、转场、字幕等，这样才能做到音画统一，让观众觉得视频好看。

图6-2

02 在“添加音乐”页面点击“导入音乐”，继续点击“本地音乐”，就能使用手机里的歌曲，如图6-3所示。

提　示

使用自己下载的歌曲时，别忘了点击页面下方的“版权校验”，如果校验结果显示“未通过”，最好更换或者使用“相似音乐”列表中的歌曲，以免制作好的视频发布到短视频平台后发生音乐版权问题。

图6-3

03 将白色指针拖到1分39秒处，也就是歌曲第一遍结束的位置，选中音频轨道上的歌曲后，点击页面下方的“分割”。继续点击页面下方的“删除”，将第二段歌曲删除，如图6-4所示。

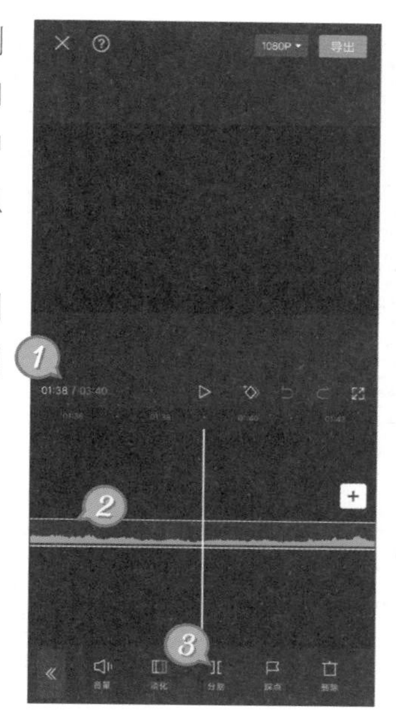

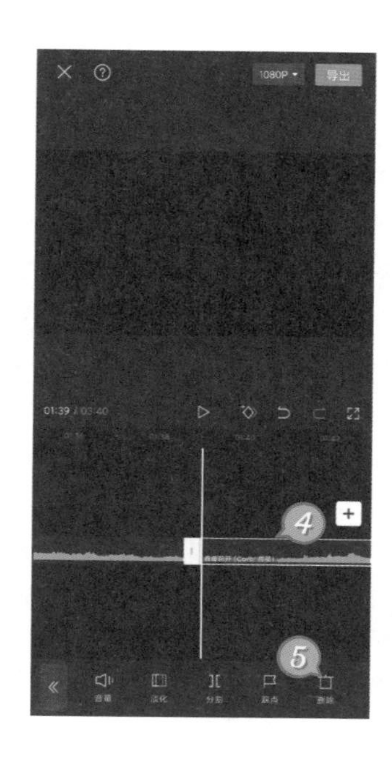

图6-4

04 选中音频轨道上的歌曲，点击页面下方的“淡化”，设置“淡出时长”为5秒后，点击✓图标，如图6-5所示。

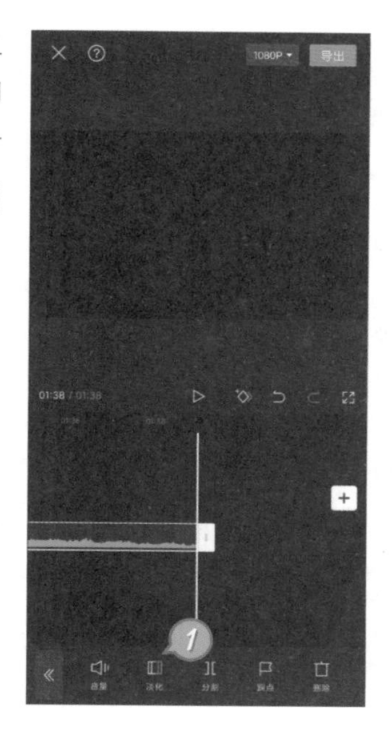

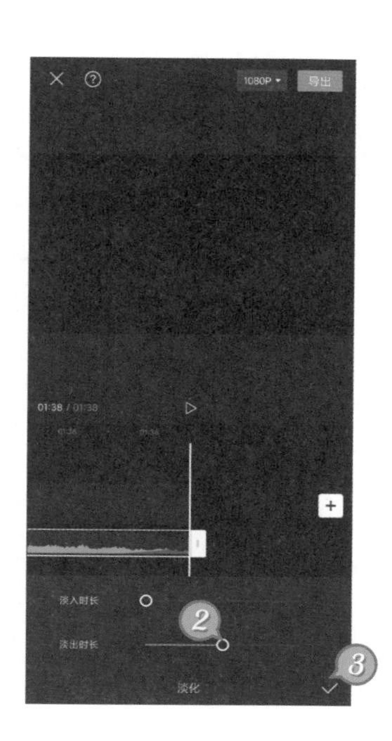

图6-5

05 点击页面下方的“踩点”，然后点击预览窗口下方的▷图标播放音乐，分别在12秒处和每句歌词的起始位置点击“添加点”，最后在歌曲结尾处添加一个踩点标记，如图6-6所示。

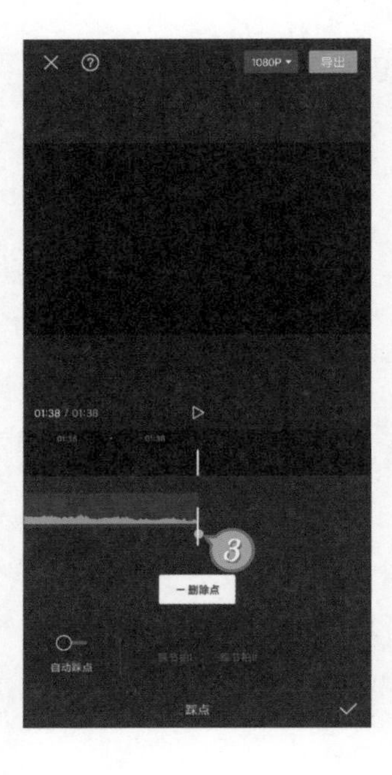

图6-6

06 歌曲被踩点标记分成14个段落，接下来点击视频轨道右侧的＋图标，添加视频所需的13个照片和视频素材。在视频轨道上选中第一个素材，拖动右侧的白色边框，将素材的持续时间设置为13.4秒，如图6-7所示。

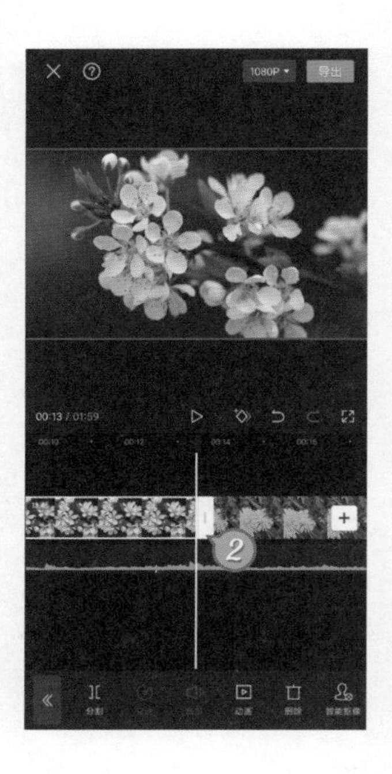

图6-7

07 将第8个和第9个素材的持续时间设置为6秒。在视频轨道上点击前两个素材之间的 | 图标，选择“叠化”转场后，设置持续时间为2秒，继续点击页面左下角的“全局应用”，在所有素材之间添加相同的转场，如图6-8所示。

图6-8

08 在视频轨道上选中第2个素材后，拖动右侧的白色边框，让转场图标与第一个踩点标记对齐。使用相同的方法逐个调整视频素材的持续时间，让所有转场都与踩点标记对齐，如图6-9所示。

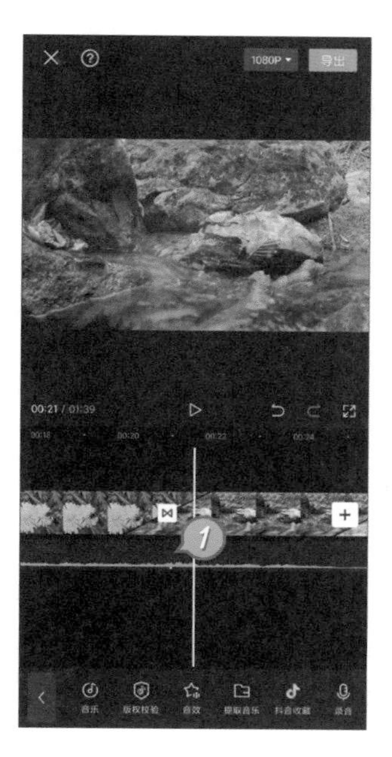

图6-9

09 选中最后一个视频素材，拖动右侧的白色边框，与歌曲的时长对齐。点击第10个转场，将转场效果更改为“特效转场”标签中的“放射”，如图6-10所示。

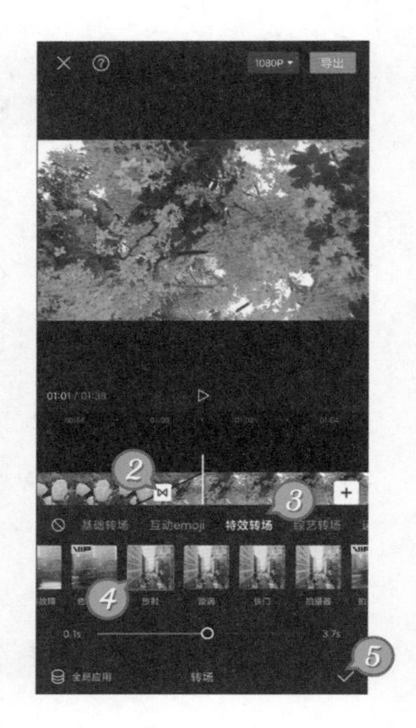

图6-10

10 在视频轨道上选中第1个素材，先点击页面下方的“动画”后，点击“入场动画”，继续选择“缩小”动画，然后将圆形滑块拖到最右侧，如图6-11所示。使用相同的设置为视频轨道上的第8个和第9个素材添加缩小动画。选中最后一个素材，将出场动画设置为“渐隐”后，设置持续时间为2秒。

图6-11

11 现在我们开始制作标题和歌词字幕。在编辑区域的空白处点一下，然后将白色指针拖到1秒处。点击页面下方的“文字”后，点击“新建文本”，输入“春暖花开”，设置字体为“文艺繁体”，如图6-12所示。

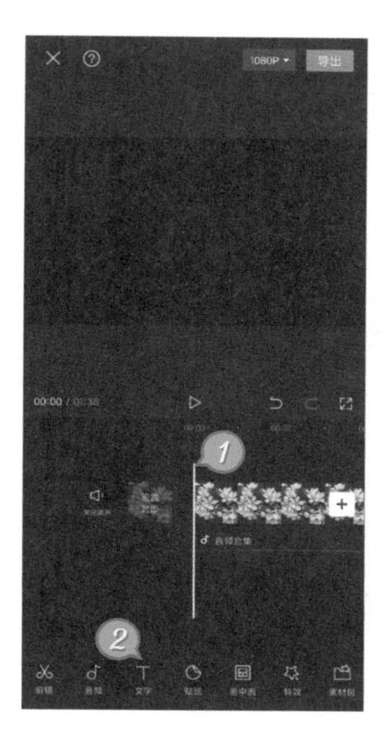

图6-12

12 点击“样式”标签，设置“字号”为18。继续点击“花字”标签，选择第6个预设后，点击✓图标，如图6-13所示。

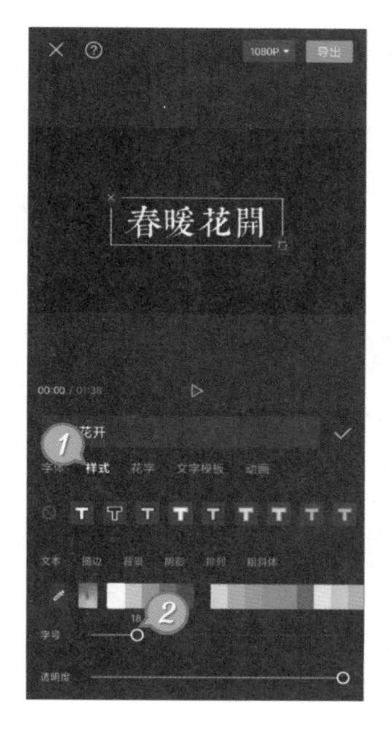

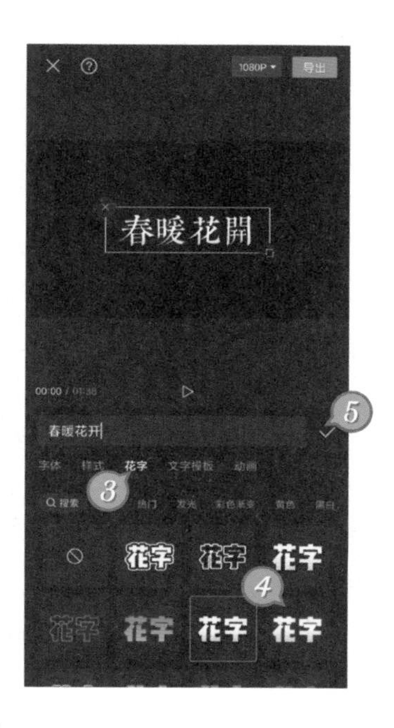

图6-13

13 将文本轨道右侧的白色边框拖到13秒处。点击页面下方的“动画”，将入场动画设置为“向下飞入”，拖动页面下方的滑块，将动画的持续时间设置为4秒，如图6-14所示。

图6-14

14 点击“出场动画”，选择“渐隐”后，设置持续时间为2秒。点击页面下方的“识别歌词”，然后点击“开始识别”。识别完成后，点击第一段歌词文本，点击页面下方的“编辑”，设置字体为“金陵体”，如图6-15所示。

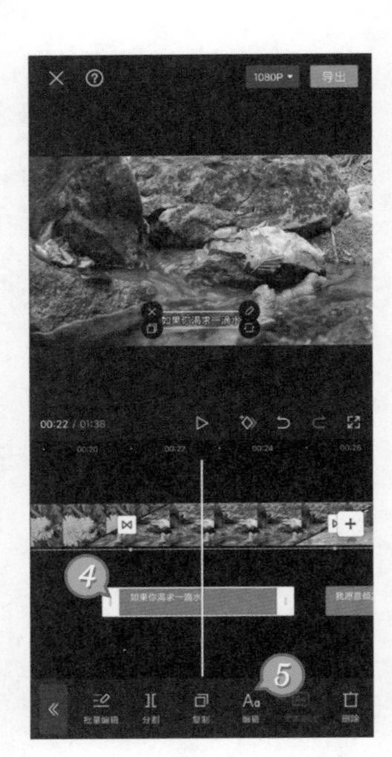

图6-15

15 点击“样式”标签，将“字号”设置为8。点击“动画”标签，将入场动画设置为“卡拉OK”，继续将持续时间滑块拖到最右侧后，点击粉红色色标，如图6-16所示。

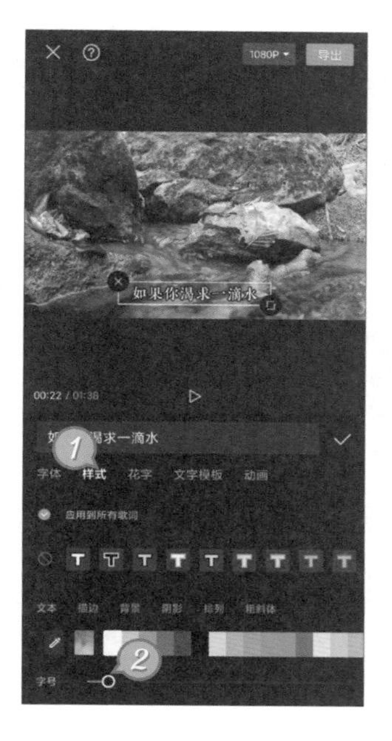

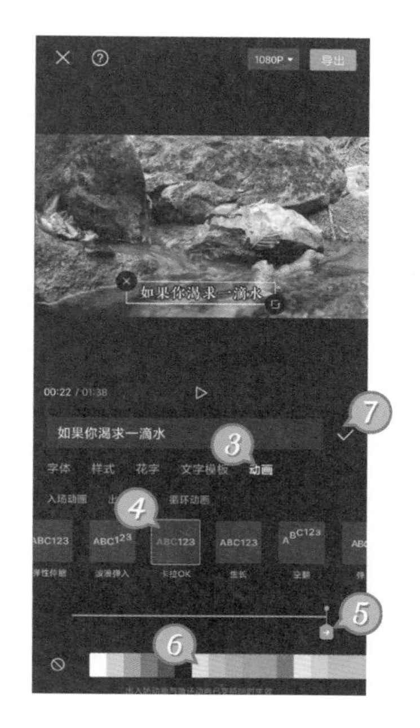

图6-16

16 接下来，我们需要逐个选中歌词字幕，点击页面下方的“动画”后，将入场动画设置为“卡拉OK”，如图6-17所示。剪映没有提供批量设置文本动画的功能，所以这一步的操作比较烦琐，需要我们有足够的耐心。

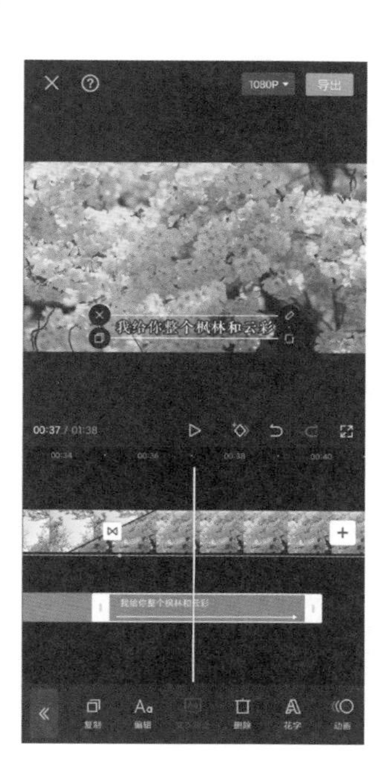

图6-17

17 最后我们给视频添加漏光特效。返回编辑页面，将白色指针拖到视频开始处。点击页面下方的“特效”后，点击“画面特效”，继续点击“光”标签，选择“胶片漏光Ⅱ”，如图6-18所示。

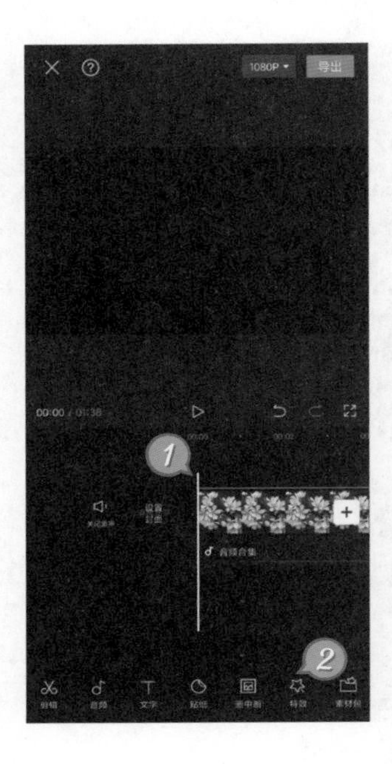

图6-18

18 点击“胶片漏光Ⅱ”特效缩略图上的“调整参数”，设置“速度”参数为25，设置“不透明度”参数为50。点击✓图标后，拖动特效右侧的白色边框，将持续时间与歌曲的时长对齐，如图6-19所示。

图6-19

6.2 制作回忆拍照视频

在本例中，我们将综合运用剪映的画中画、关键帧动画、特效等功能，制作回忆类的电子相册短视频，实例效果如图6-20所示。这种短视频的特点是制作起来比较简单，效果却很出色，能在千篇一律的模板中凸显出与众不同。

图6-20

观看教学视频

01 运行剪映，点击首页上的“开始创作”，然后添加一个视频素材作为背景。点击页面下方的“音频”后，点击“音乐”，搜索并使用歌曲“回到夏天”，如图6-21所示。

图6-21

02 选中音频轨道上的歌曲，将右侧的白色边框拖到14秒的位置。继续点击页面下方的“淡化”，设置“淡出时长”为5秒后，点击✓图标，如图6-22所示。

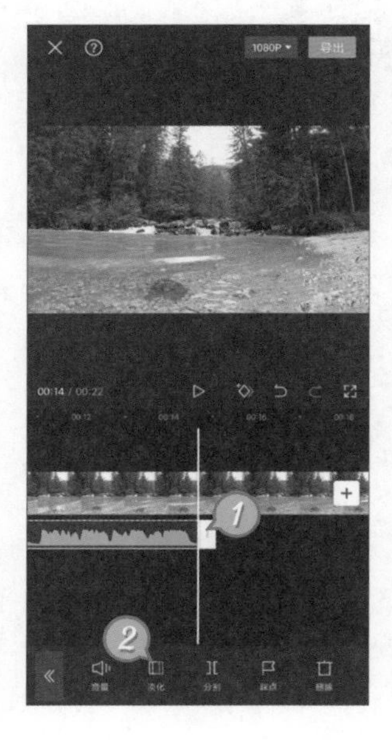

图6-22

03 点击页面下方的“踩点”，开启“自动踩点”选项后，点击“踩节拍Ⅰ”。将白色指针拖到最后一个踩点标记上，然后点击“删除点”。继续将白色指针拖到最后一帧的位置，点击“添加点”，如图6-23所示。

图6-23

04 现在开始制作画中画效果。选中视频轨道上的素材，拖动右侧的白色边框，与音频轨道的持续时间对齐。在编辑区域的空白处点一下取消选择，然后将白色指针拖到第一个踩点标记的位置，如图6-24所示。

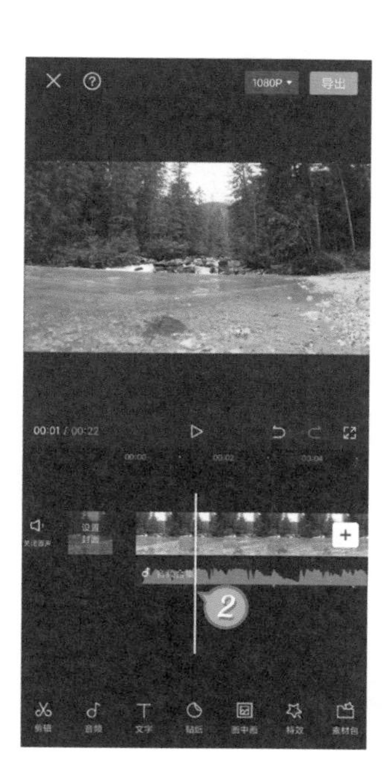

图6-24

05 点击页面下方的“画中画”，继续点击“新增画中画”后，添加一张照片素材。拖动照片素材右侧的白色边框，与音频轨道的持续时间对齐。点击页面下方的“动画”后，点击“入场动画”，选择“缩小”动画后，设置持续时间为2秒，如图6-25所示。

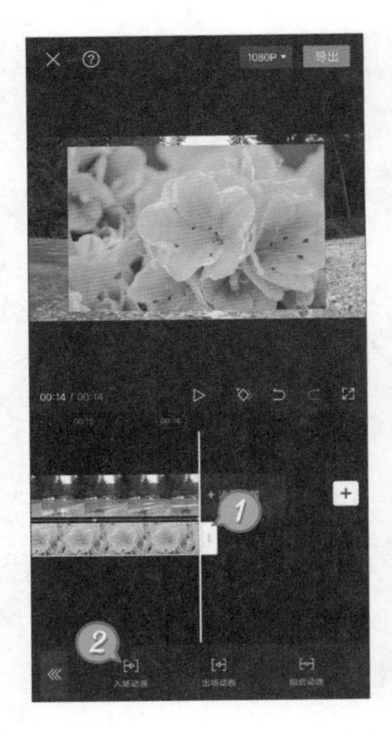

图6-25

06 确认白色指针在3秒的位置，点击预览窗口下方的◇图标，创建一个关键帧。将白色指针拖到1秒的位置，再次点击◇图标，创建关键帧，如图6-26所示。

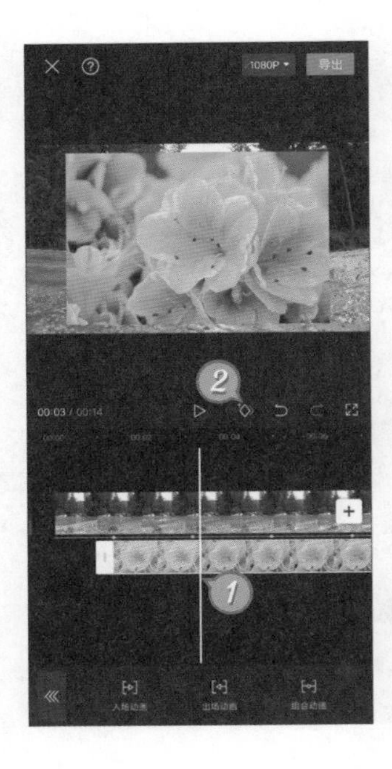

图6-26

07 将白色指针拖到3秒处，确认画中画轨道上的关键帧变成红色。在预览窗口中用一根手指按住屏幕，用另一根手指在屏幕上拖动，就可以旋转画面。继续用双指捏合操作缩小照片的尺寸，最后将照片调整到如图6-27所示的位置。

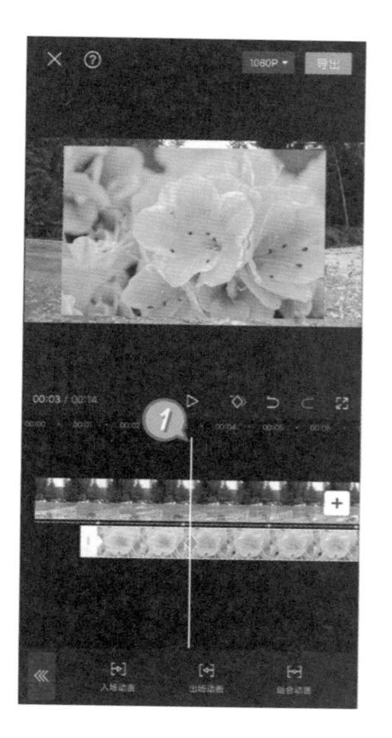

图6-27

08 点击页面下方的“复制”，然后点击页面下方的“替换”，更换画中画的照片。按住复制的画中画，将其拖到第二条画中画轨道上，将起始点与第三个踩点标记对齐。继续选中复制的画中画，将右侧的白色边框与音频轨道的时长对齐，如图6-28所示。

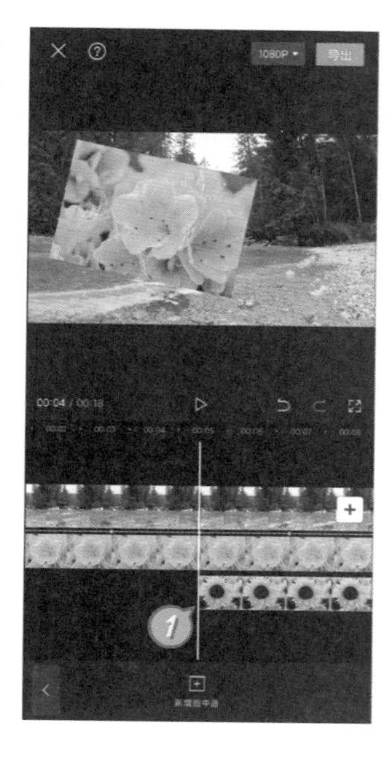

图6-28

09 将白色指针拖到6秒处，确认第二个画中画素材的第二个关键帧为红色。在预览窗口中调整照片的角度和位置，结果如图6-29所示。

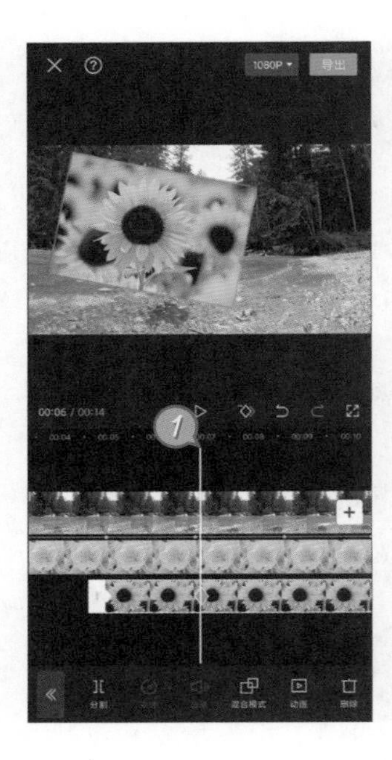

图6-29

10 重复前面的操作，再次复制两个画中画素材。替换照片后，调整画中画的入场时间，以及照片的角度和位置，结果如图6-30所示。

图6-30

11 点击页面下方的“音频”后，点击“音效”，搜索并使用 “快门”音效。将音效与第一个踩点标记对齐后，复制3个快门音效，然后参照踩点标记进行对齐，结果如图6-31所示。

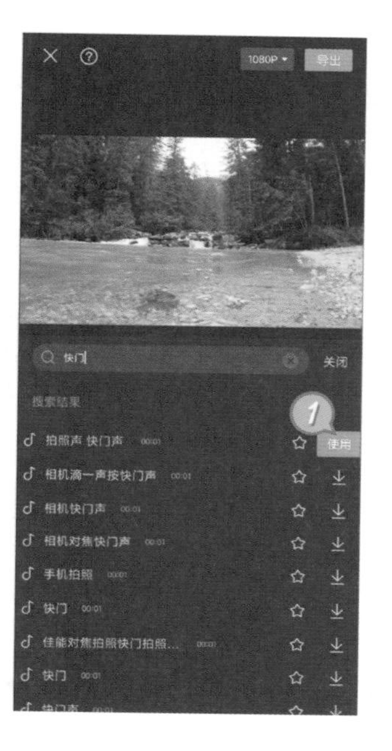

图6-31

12 返回编辑页面，点击页面下方的“特效”后，点击“画面特效”，继续点击“动感”标签，添加“闪光灯”特效。拖动“闪光灯”特效的白色边框，将特效的时长与快门音效对齐，如图6-32所示。

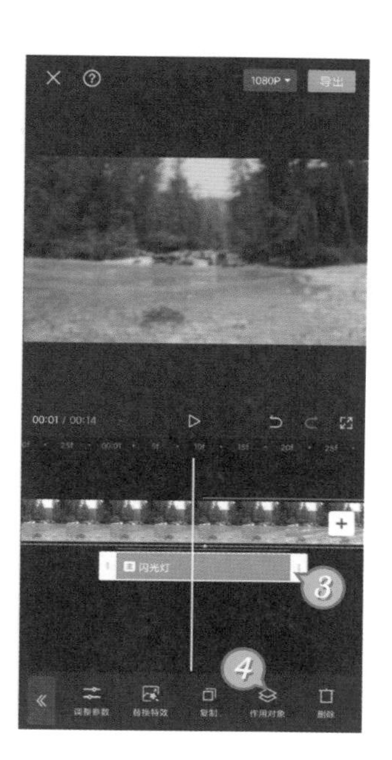

图6-32

13 点击页面下方的“作用对象”，然后点击“全局”。复制3个闪光灯特效，把复制的特效与快门音效逐一对齐，如图6-33所示。

图6-33

14 返回编辑页面，点击页面下方的“滤镜”，继续点击“影视级”标签后，应用“青橙”滤镜，拖动圆形滑块，将作用程度设置为50。点击“调节”标签，设置“暗角”参数为10，如图6-34所示。

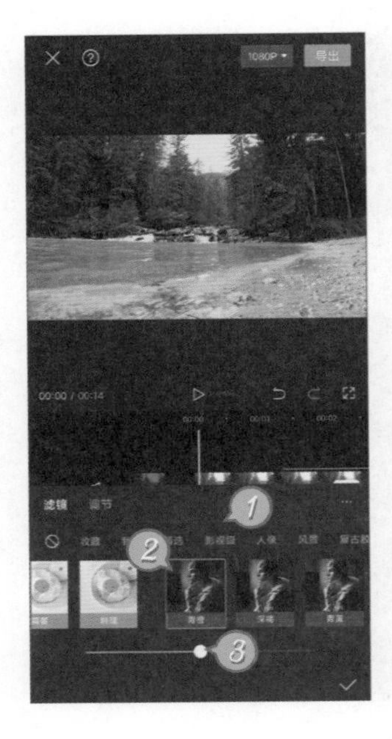

图6-34

15 最后我们为背景视频和所有画中画素材添加边框特效。将白色指针拖到视频开始处，点击页面下方的“特效”后，点击“画面特效”，继续点击“边框”标签后，应用“录制边框 Ⅲ”特效，如图6-35所示。

图6-35

16 将边框特效的持续时间与音频轨道对齐，点击页面下方的“作用对象”后，选择“全局”。在编辑区域的空白处点一下，然后将白色指针拖到视频开始处，如图6-36所示。

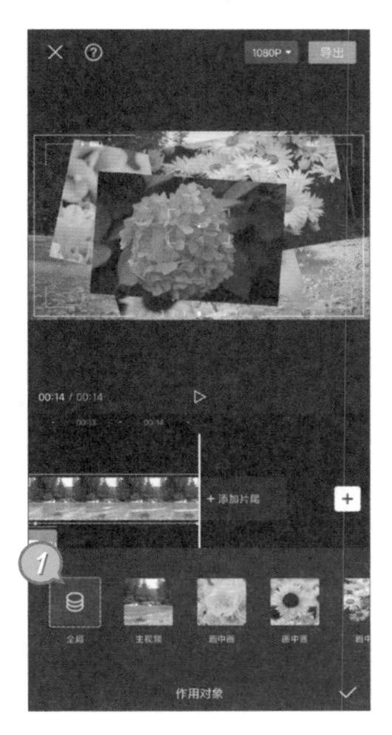

图6-36

17 点击页面下方的“画面特效”后，添加“粉黄渐变”特效，将特效的时长与音频轨道对齐。点击页面下方的“作用对象”，选择第一个画中画素材，如图6-37所示。

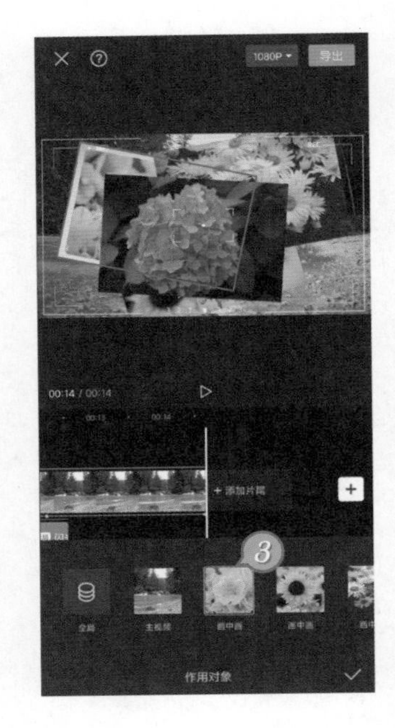

图6-37

18 重复前面的操作，再次添加3个粉黄渐变特效，让这3个特效分别作用于另外3个画中画素材，完成实例的制作，如图6-38所示。

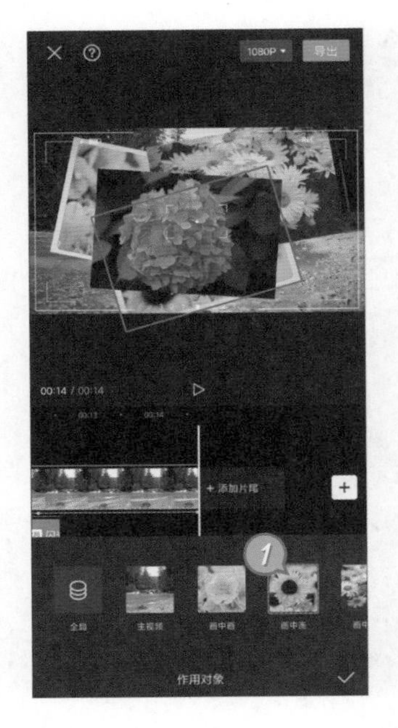

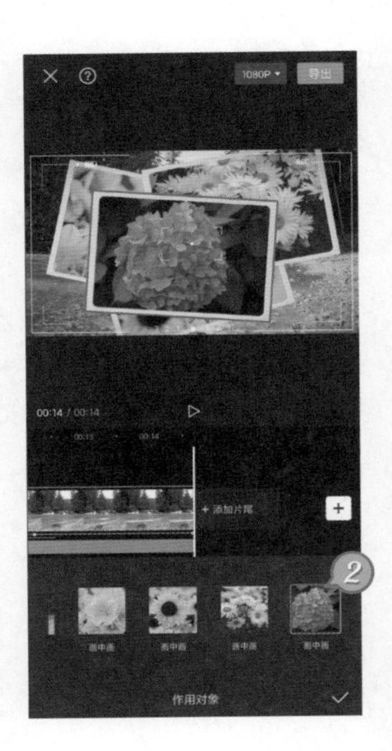

图6-38

6.3 制作水墨开场视频

本例中，我们将利用剪映的画中画、混合模式和预渲染功能制作一个带水墨转场效果的踩点短视频，实例效果如图6-39所示。这个短视频的制作有一定的难度，大家在制作的过程中需要重点理解预渲染和混合模式功能的运用。

图6-39

观看教学视频

01 运行剪映，点击首页上的“开始创作”后，添加一张照片素材。选中视频轨道上的素材，点击页面下方的“复制”。点击两个素材之间的 | 图标，选择“叠化”转场后，将下方的圆形滑块拖到最右侧，如图6-40所示。

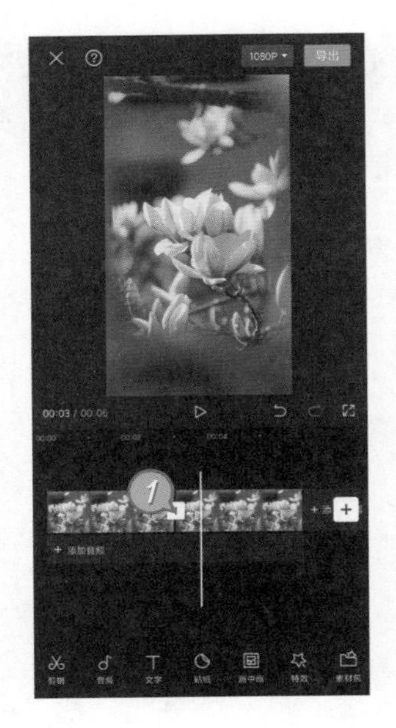

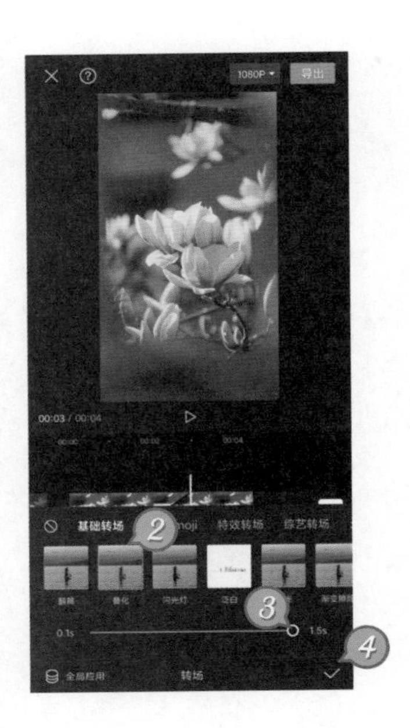

图6-40

02 选中第一个照片素材，点击页面下方的“滤镜”，继续点击“黑白”标签后，选择“赫本”，将圆形滑块拖到最右侧，如图6-41所示。

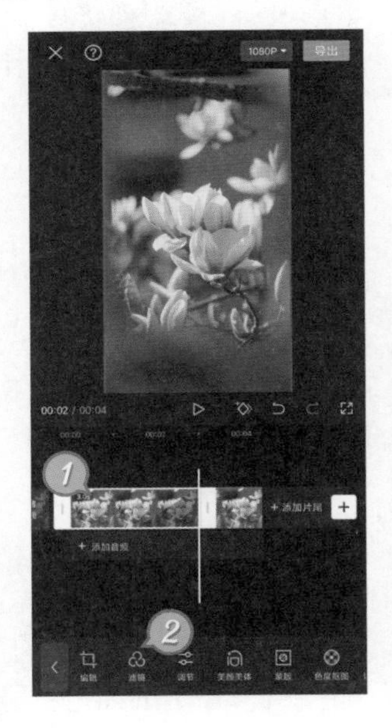

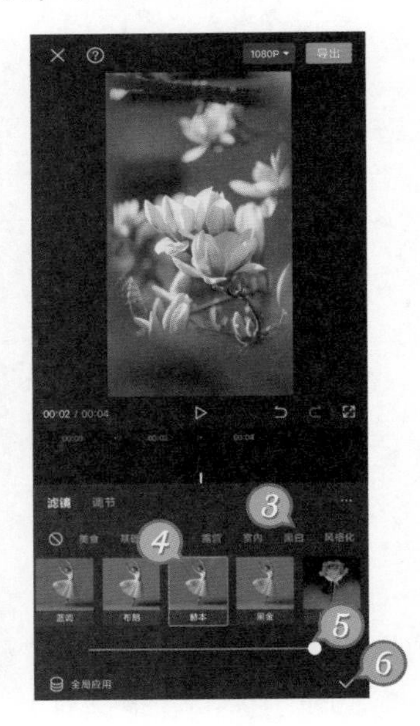

图6-41

03 在编辑区域的空白处点击，取消素材的选择，点击页面下方的“特效”后，点击“画面特效”，继续点击“纹理”标签后，添加“格纹纸质 Ⅱ”特效。拖动特效右侧的白色边框，与照片素材的时长对齐，如图6-42所示。

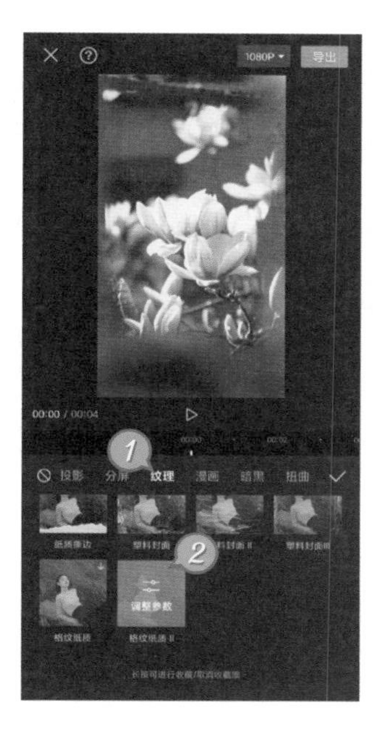

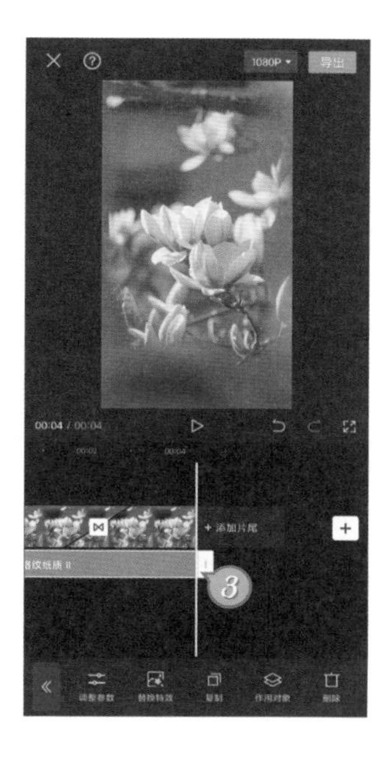

图6-42

04 现在我们已经制作好了照片从黑白逐渐转变成彩色的视频，接下来点击页面右上角的“导出”，把这段视频保存到手机上。渲染完成后，点击页面左上角的〈图标，返回编辑页面，如图6-43所示。

图6-43

05 点击页面下方的“替换”，把视频轨道上的两个照片素材替换成第二张照片，然后点击“导出”。重复替换和导出操作，把实例素材的4张照片都渲染成黑白转换为彩色的视频，如图6-44所示。

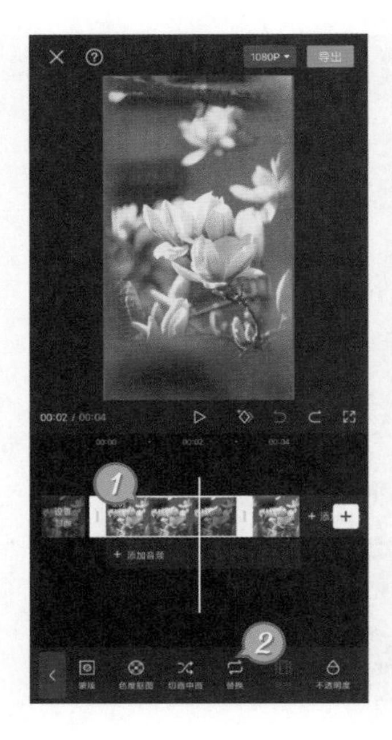

图6-44

06 返回剪映的首页，点击“开始创作”后，点击页面右上方的“素材库”，在搜索栏中搜索“水墨”，然后添加时长为23秒的竖屏水墨视频，如图6-45所示。

图6-45

07 点击页面下方的“音频”后，点击“音乐”，搜索并使用“旧梦一场”。接下来我们要对水墨视频进行一些处理，使水墨转场出现的时间与歌曲的节奏匹配。将白色指针拖到3秒10帧，预览窗口中完全为黑色的位置，选中水墨视频后，点击页面下方的“分割”，如图6-46所示。

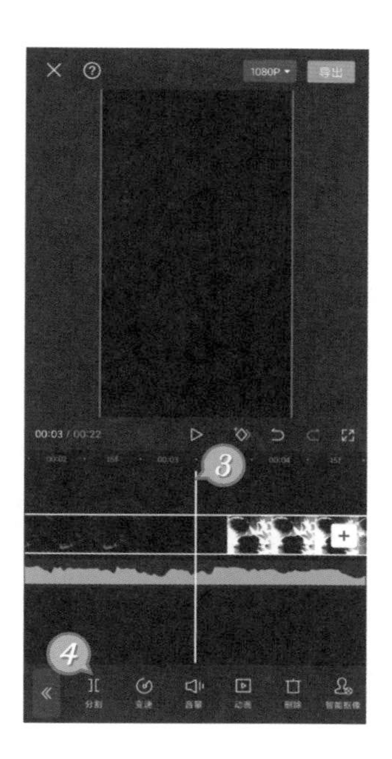

图6-46

08 分别在7秒10帧、12秒、17秒20帧和20秒20帧的位置分割水墨视频。点击页面下方的“删除”，将第4段和最后一段视频删除，结果如图6-47所示。

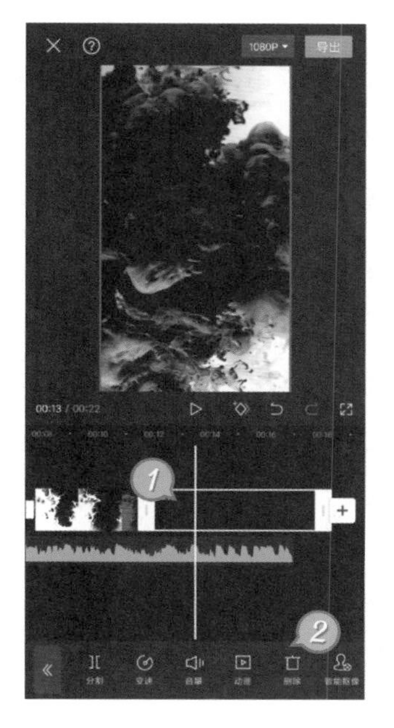

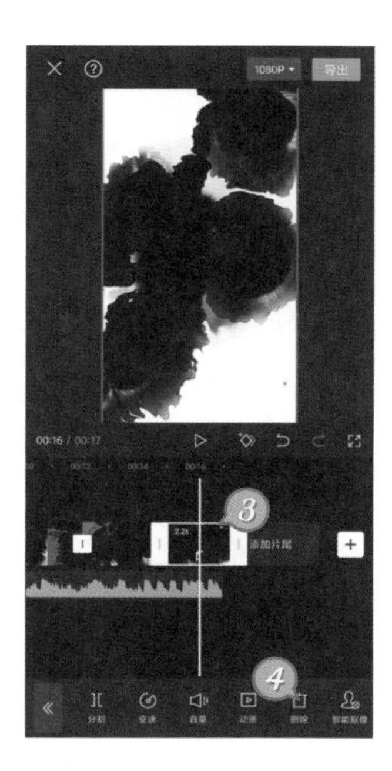

图6-47

09 选中第2段视频，点击页面下方的“变速”后，点击“常规变速”，将圆形滑块拖到0.8x的位置。选中最后一段视频，同样将播放速度设置为0.8x。在编辑区域的空白处点击，然后将白色指针拖到视频开始的位置，如图6-48所示。

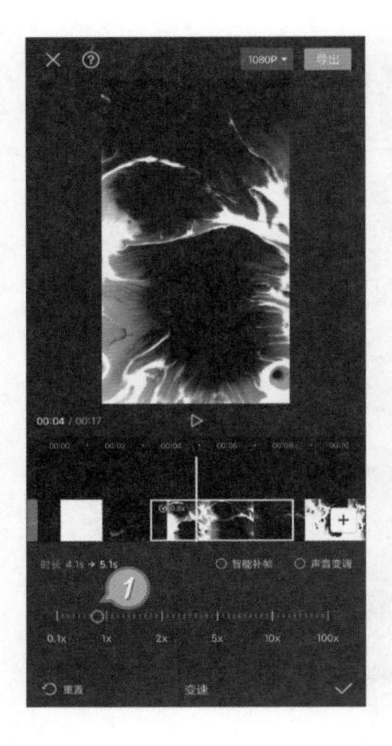
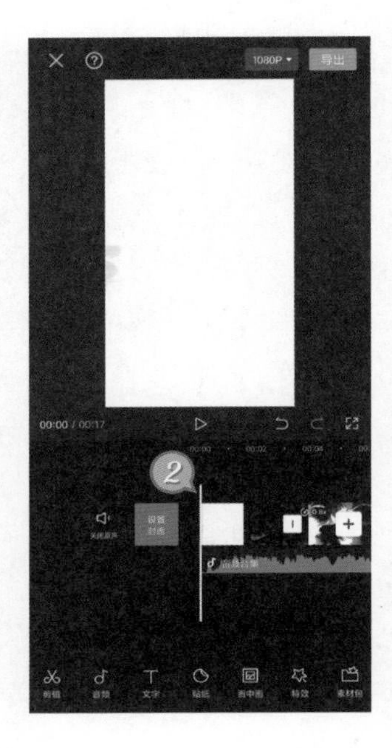

图6-48

10 点击页面下方的“画中画”后，点击“新增画中画”，选择一个渲染好的黑白变彩色视频。在预览窗口中放大画中画视频使其全屏显示，接下来拖动右侧的白色边框，将画中画素材的时长与第一个分割点对齐，如图6-49所示。

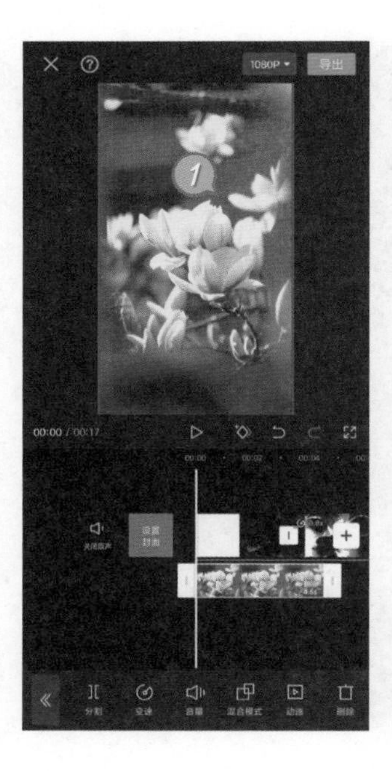
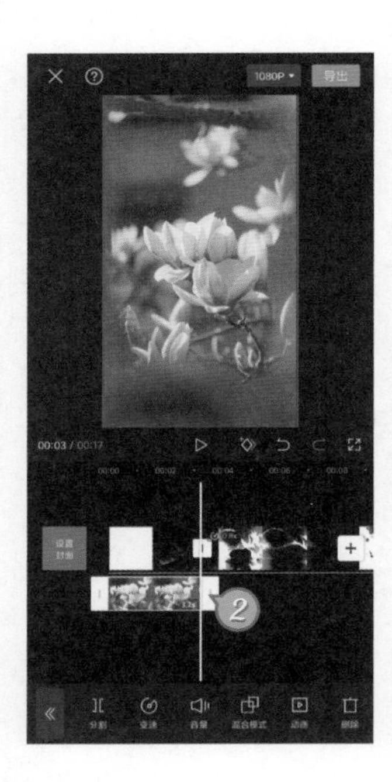

图6-49

11 点击页面下方的“混合模式”，将混合模式设置为“滤色”。点击页面下方的“动画”后，点击“入场动画”，继续选择“缩小”动画后，将圆形滑块拖到最右侧，如图6-50所示。

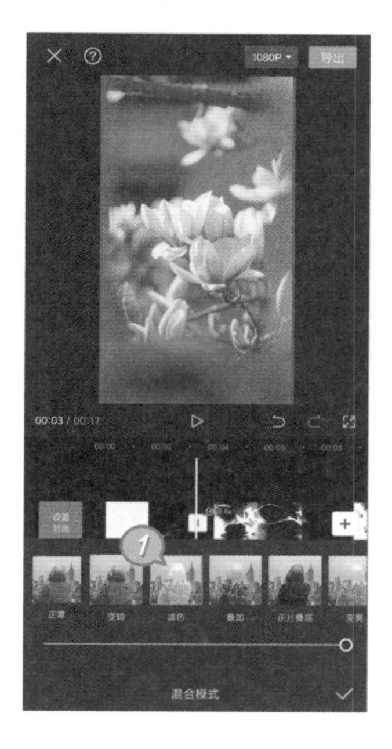

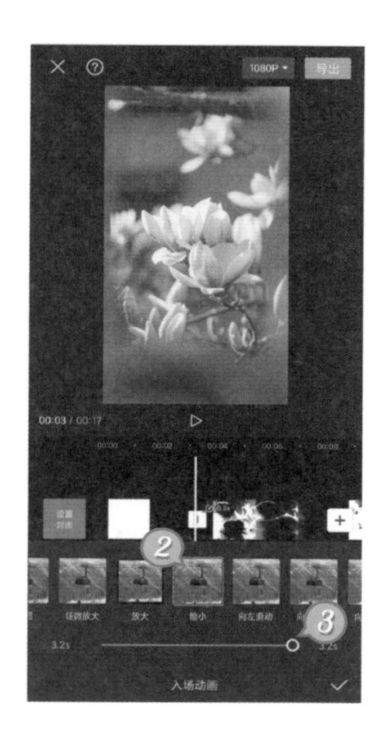

图6-50

12 点击页面下方的“复制”，选中复制的画中画素材后，点击页面下方的“替换”，然后替换成另一个画中画视频。点击页面下方的“变速”，将圆形滑块拖到0.9x的位置，如图6-51所示。

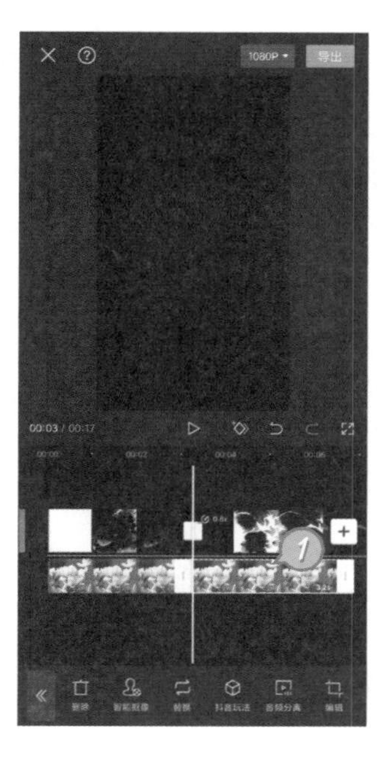

图6-51

13 继续复制两个画中画素材，替换视频后，将画中画的时长与水墨素材的分割点对齐。将最后一个画中画素材的时长与歌曲对齐，如图6-52所示。

图6-52

14 返回编辑页面，将白色指针拖到视频开始的位置。点击页面下方的“特效”后，点击“画面特效”，继续点击“金粉”标签后，应用“金粉闪闪”特效。拖动特效素材右侧的边框，将特效的时长与歌曲对齐，如图6-53所示。

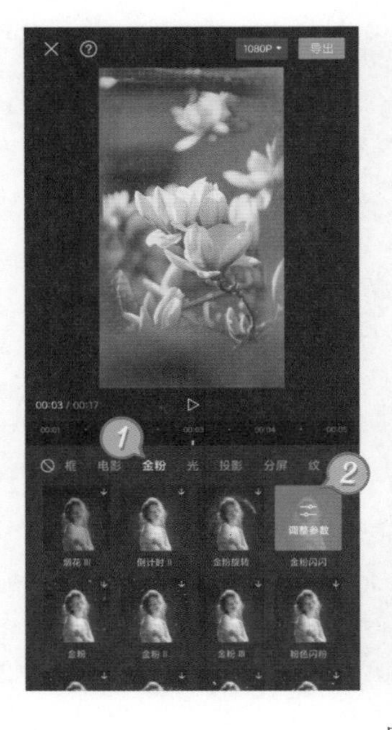

图6-53

15 点击页面下方的“画面特效”，点击“自然”标签后，应用“烟雾”特效。点击页面下方的“调整参数”，将“不透明度”参数设置为50。继续点击页面下方的“作用对象”，选择“全局”，如图6-54所示。

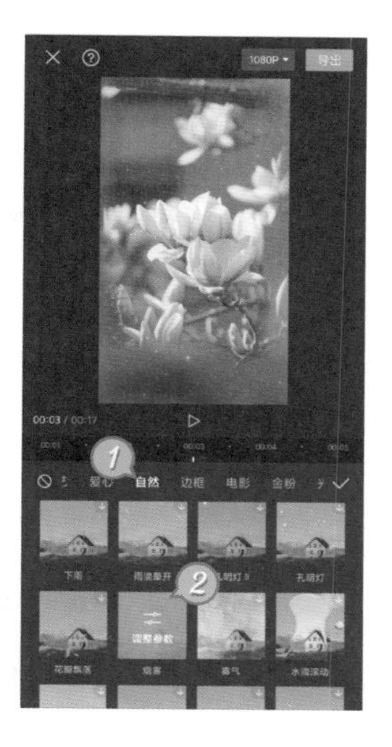

图6-54

16 将烟雾特效的时长与歌曲对齐。再次点击页面下方的“画面特效”，点击“基础”标签后，应用“暗角”特效。继续点击页面下方的“作用对象”，选择“全局”，如图6-55所示。

图6-55

17 将烟雾特效的时长与歌曲对齐。点击页面下方的“滤镜”后，点击“影视级”标签，应用“青橙”滤镜。最后将滤镜的时长与歌曲对齐，完成实例的制作，如图6-56所示。

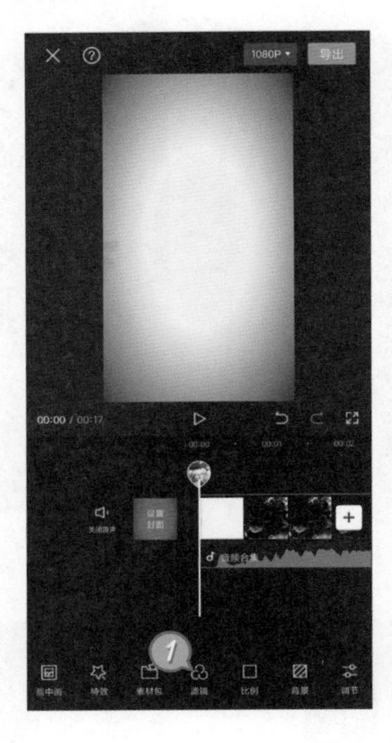

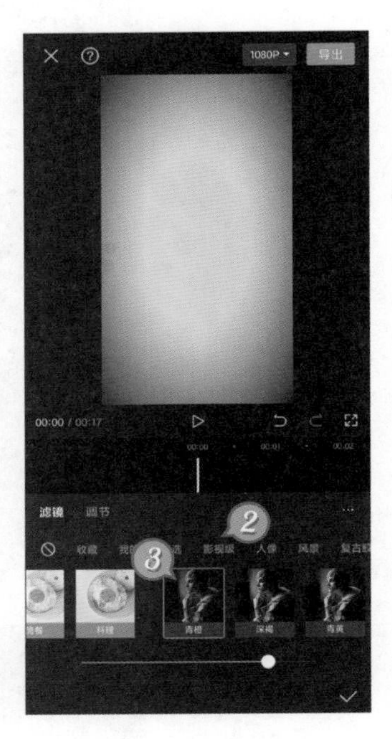

图6-56

6.4 制作绿幕抠图视频

我们在影视大片中看到的很多特效，都是演员在绿色或蓝色的幕布前表演，然后通过视频后期处理的手段，把幕布替换成其他背景。在本例中，我们就利用剪映的色度抠图和关键帧动画功能，制作鲸鱼在天空中飞翔的梦幻效果，实例效果如图6-57所示。

01 运行剪映，点击首页上的“开始创作”后，添加海面的视频。选中视频轨道上的素材，点击页面下方的“变速”后，点击“常规变速”，将圆形滑块拖到0.5x的位置，如图6-58所示。

图6-57

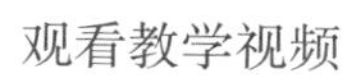

观看教学视频

图6-58

02 在编辑区域的空白处点一下，取消选择，点击页面下方的“画中画”后，点击“新增画中画”，然后添加鲸鱼视频。拖动画中画素材右侧的边框，与海面视频的时长对齐，如图6-59所示。

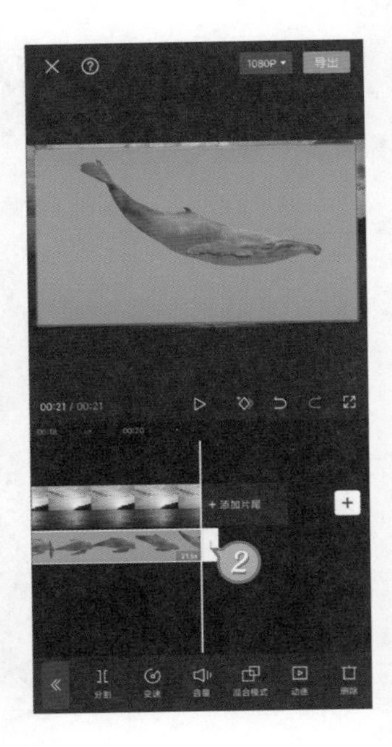

图6-59

03 点击页面下方的“色度抠图”，接下来在预览窗口中将圆环形状的取色器拖到绿幕区域。点击“强度”，然后将下方的圆形滑块拖到最右侧，绿幕的部分就消失不见了，如图6-60所示。

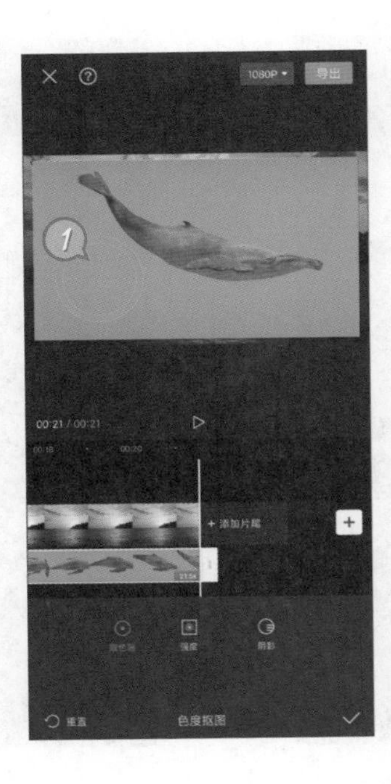

图6-60

04 点击页面下方的“音量”，将音量大小设置为30。继续点击页面下方的“混合模式”，选择“正片叠底”后，设置混合强度为90，如图6-61所示。

图6-61

05 点击页面下方的“调节”，点击“HSL”后，选中蓝色色标，设置“色相”参数为50，设置“高光”参数为-50，设置“色温”参数为50，如图6-62所示。

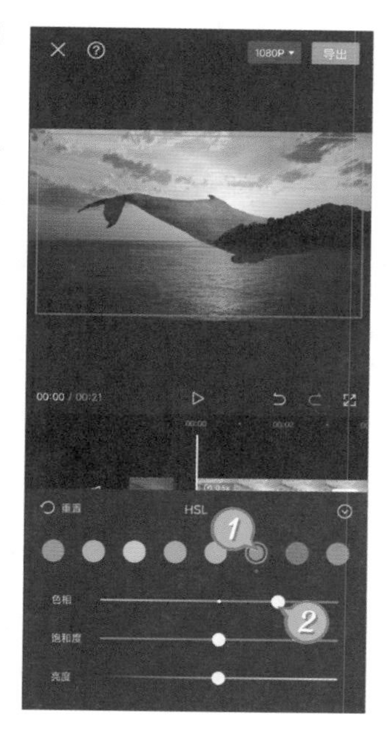

图6-62

06 继续点击“曲线”后，选取红色色标，略微向上拖动红色曲线。选取绿色色标，略微向下拖动绿色曲线。接下来开始制作鲸鱼向前游动的动画。在预览窗口中缩小鲸鱼的尺寸，然后移动到如图6-63所示的位置。点击预览窗口下方的图标创建一个关键帧。

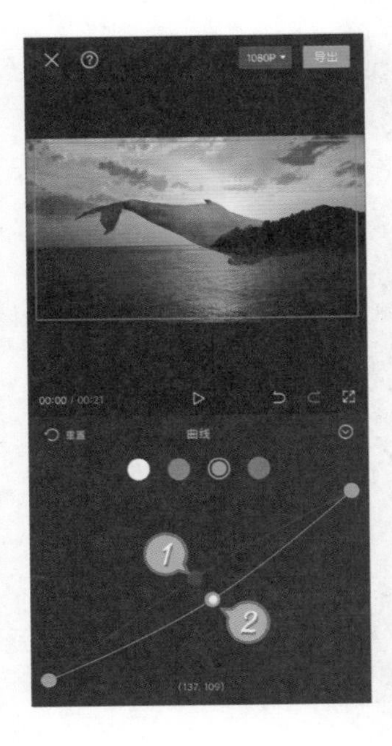

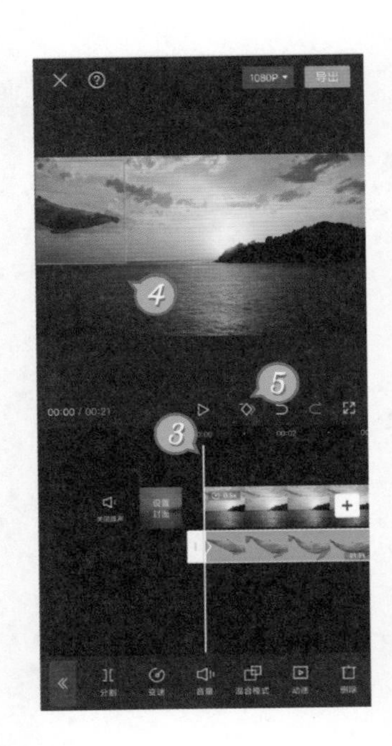

图6-63

07 将白色指针拖到11秒处，将鲸鱼拖到背景视频中央偏上的位置。将白色指针拖到最后一帧处，参照图6-64调整鲸鱼的位置。

图6-64

08 选中海面背景视频，点击页面下方的“调节”，设置“对比度”参数为10，设置“光感”参数为-10，设置“高光”和“色温”参数为-15，设置“阴影”参数为15，如图6-65所示。

图6-65

09 最后我们还要添加一些特效，让视频更具梦幻效果。返回编辑页面，将白色指针拖到视频开始的位置，点击页面下方的“特效”后，点击“画面特效”，继续点击“光”标签，添加“天使光”特效。点击页面下方的“调整参数”，设置“强度”参数为75，如图6-66所示。

图6-66

10 将特效的时长与背景视频对齐。接下来点击页面下方的“作用对象”，然后点击“全局”，如图6-67所示。

图6-67

11 继续添加“金粉”标签中的“金粉闪闪”特效，然后将特效的时长与背景视频对齐。点击页面下方的“作用对象”后，点击“全局”。点击页面下方的“调整参数”，设置“速度”参数为5，设置“滤镜”参数为100，设置“不透明度”参数为20，如图6-68所示。

图6-68

12 添加“光”标签中的“丁达尔光线”特效，将特效的时长与背景视频对齐后，点击页面下方的“作用对象”，点击“全局”。点击页面下方的“调整参数”，设置“速度”参数为30，设置“不透明度”参数为50，如图6-69所示。

图6-69

13 添加“Bling”标签中的“彩钻”特效，将特效的时长与背景视频对齐后，点击页面下方的“作用对象”，点击“全局”。点击页面下方的“调整参数”，设置“kira大小”参数为0，设置“kira数量”参数为5，如图6-70所示。

图6-70

6.5 制作蒙版覆叠视频

在本例中，我们将利用预渲染的技巧配合剪映的蒙版功能，制作一段怀念类的短视频，实例效果如图6-71所示。我们可以把蒙版理解成一块遮挡在图像上方的挡板，通过改变挡板的形状和透明度，就可以实现特殊的图像叠加效果。

图6-71

观看教学视频

01 运行剪映，点击首页上的“开始创作”后，点击页面右上方的“素材库”，添加黑色的空镜头素材。点击页面下方的“文字”后，点击“新建文本”，输入大写字母M，然后设置字体为“新青年体”，如图6-72所示。

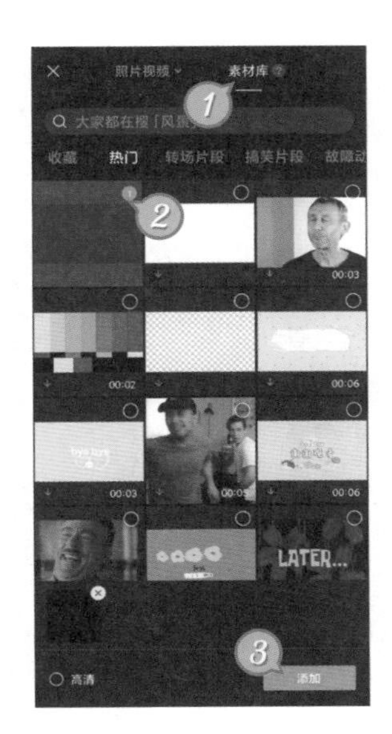

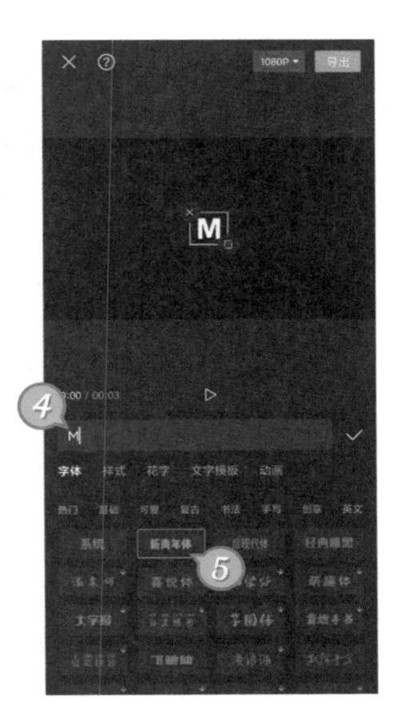

图6-72

02 点击“动画”标签，将入场动画设置为“向下滑动”，将持续时间设置为1.5秒。点击“出场动画”，选择“放大Ⅱ”，将出场动画的持续时间设置为1.5秒，如图6-73所示。

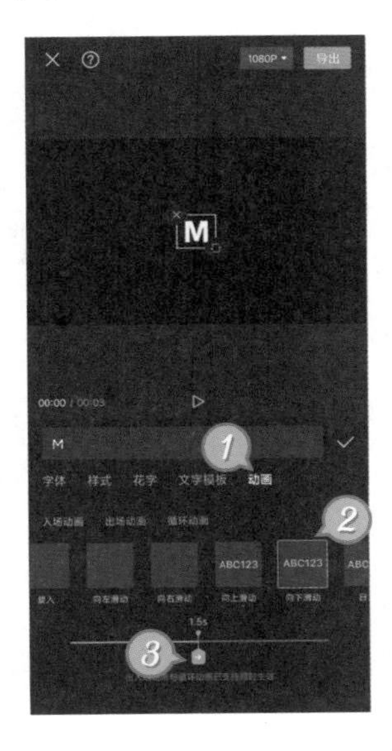

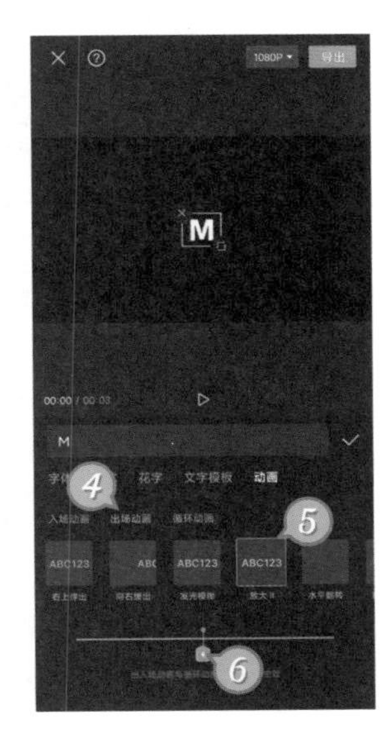

图6-73

03 参照图6-74，在预览窗口中放大字母的尺寸，然后点击页面右上角的“导出”，渲染视频。渲染完成后，返回编辑页面，点击页面下方的“编辑”，将字母M修改为S后，再次导出视频，如图6-74所示。

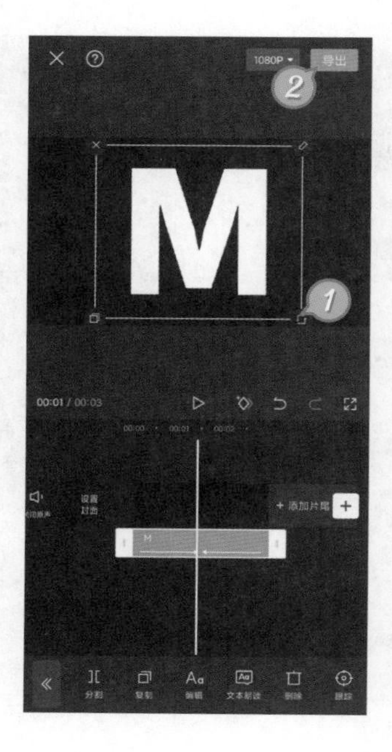

图6-74

04 返回剪映的首页，点击“开始创作”后，参照图6-75的顺序添加3段视频素材。点击页面下方的“音频”后，点击“音乐”，搜索并添加钢琴曲“秋的思念”，如图6-75所示。

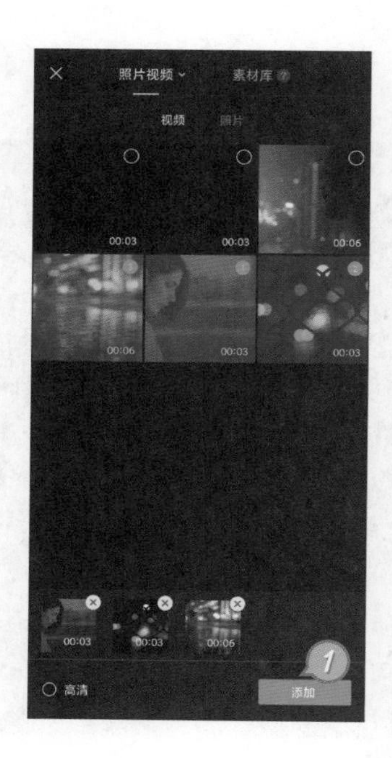

图6-75

05 拖动音乐素材右侧的边框，将音乐的时长与视频对齐。继续点击页面下方的“淡化”，设置“淡出时长”为4秒，如图6-76所示。

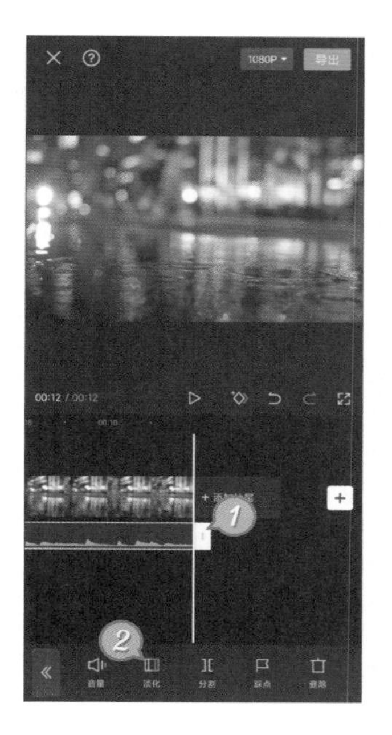

图6-76

06 点击前两个视频素材之间的 | 图标，添加“闪黑”转场。将圆形滑块拖到最右侧，然后点击页面左下角的“全局应用”，如图6-77所示。

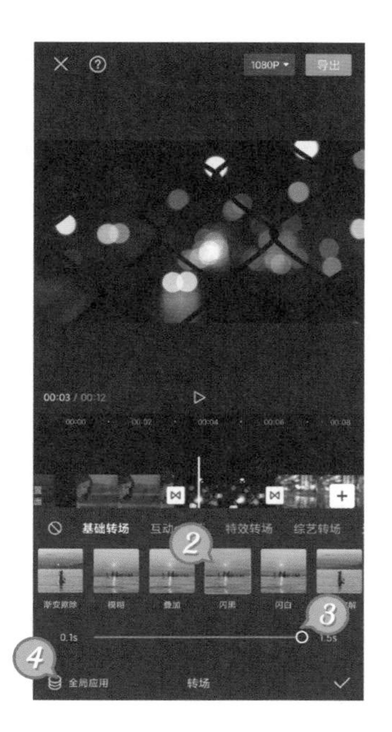

图6-77

07 选中第1个视频，点击页面下方的“动画”后，点击“入场动画”，应用“渐显”动画，设置持续时间为1秒，如图6-78所示。

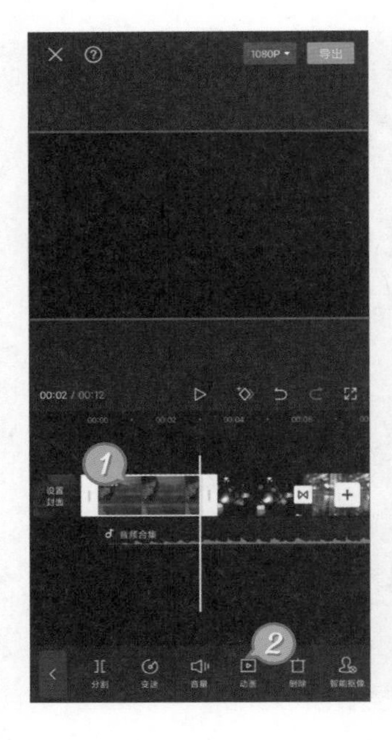

图6-78

08 在编辑区域的空白处点一下，然后将白色指针拖到视频开始的位置，点击页面下方的“画中画”后，点击“新增画中画”，添加M字母视频。在预览窗口中将画中画视频放大为全屏显示，然后点击页面下方的“混合模式”，选择“正片叠底”后，将混合程度设置为75，如图6-79所示。

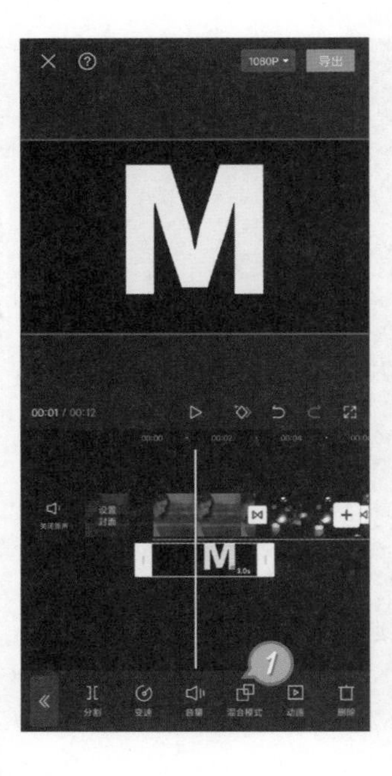

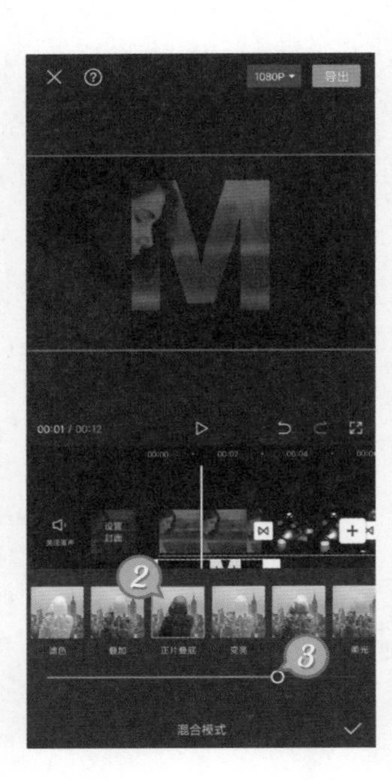

图6-79

09 点击页面下方的“复制”，继续点击“替换”，将视频替换成S字母视频。点击页面下方的“混合模式”，将混合模式修改为“滤色”，如图6-80所示。

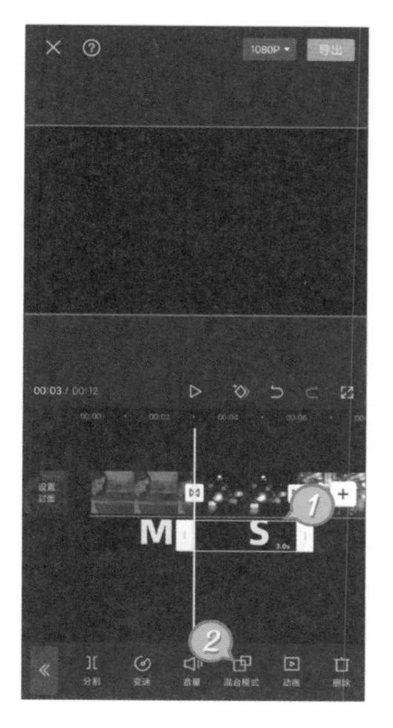

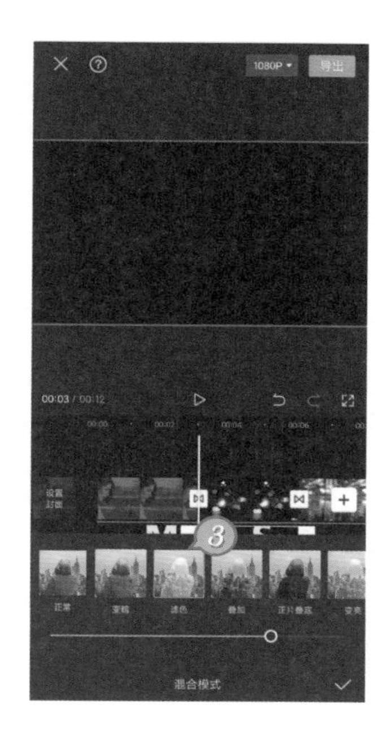

图6-80

10 再次点击页面下方的“复制”后，点击“替换”，将S字母视频替换成如图6-81所示的视频。拖动画中画视频右侧的边框，与音乐的时长对齐。

图6-81

11 点击页面下方的“蒙版”，然后选择“线性”。在预览窗口中用双指旋转黄色的线性蒙版，然后向左下方拖动图标。将白色指针拖到9秒处，点击页面下方的“混合模式”，选择“正常”后，设置混合强度为90，如图6-82所示。

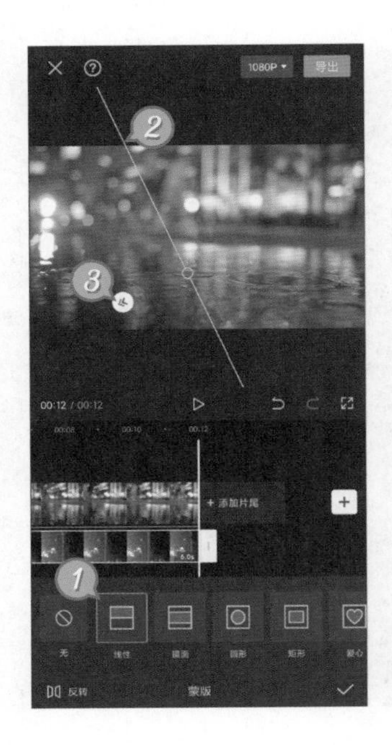

图6-82

12 点击预览窗口下方的图标创建关键帧。将白色指针拖到6秒处，点击页面下方的“混合模式”，设置混合强度为0，如图6-83所示。

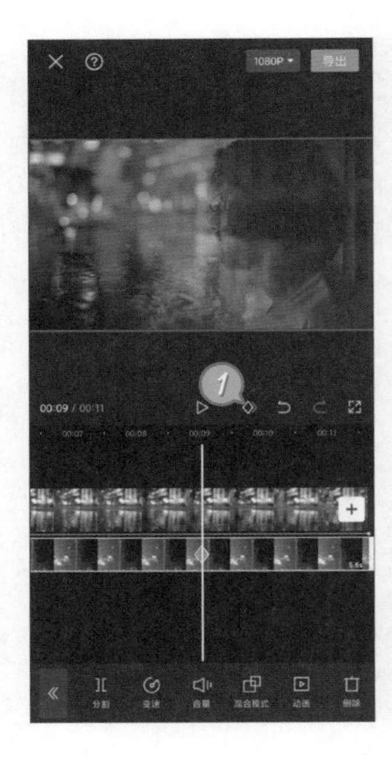

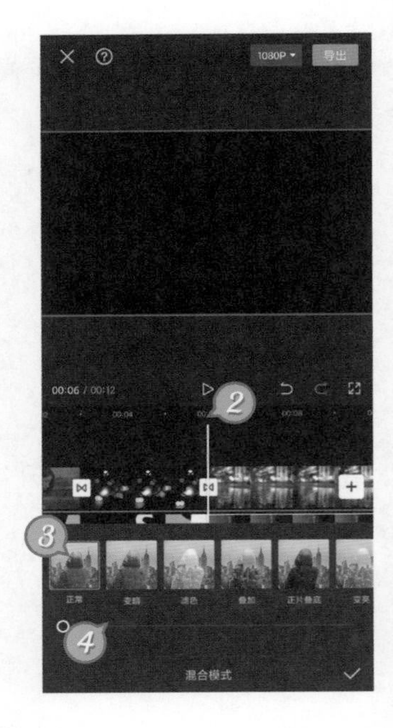

图6-83

13 返回编辑页面，在6秒处点击页面下方的“文字”后，点击“新建文本”，输入“蒙版遮罩”。拖动文本右侧的白色边框，与音乐的时长对齐，如图6-84所示。

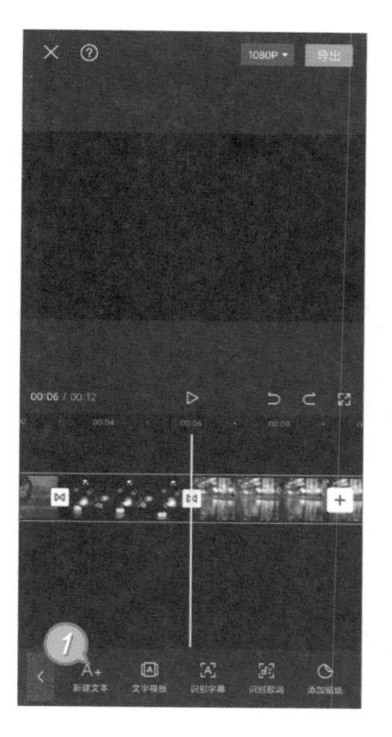
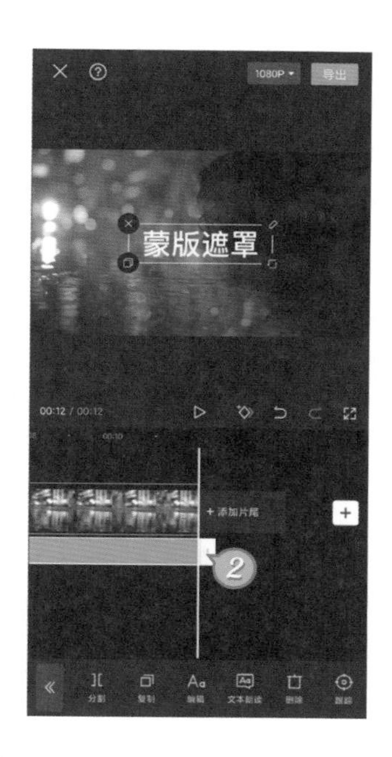

图6-84

14 点击页面下方的“编辑”，设置字体为“优设标题”。点击“样式”标签，设置“字号”参数为16，设置“透明度”参数为75，如图6-85所示。

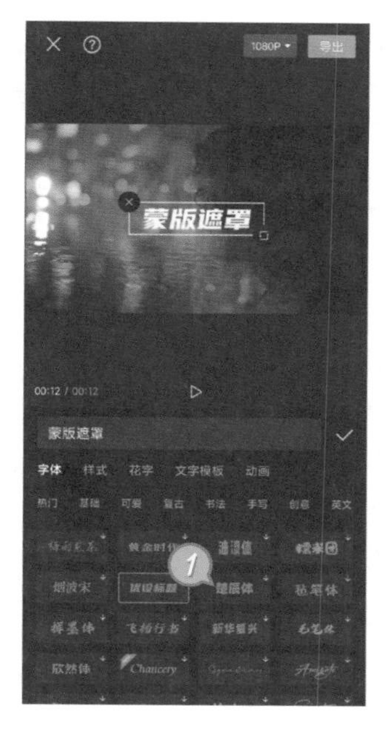

图6-85

15 点击“动画”标签，选择“收拢”动画后，设置持续时间为2秒。继续点击“出场动画”标签，选择“渐隐”动画后，设置持续时间为2秒，如图6-86所示。

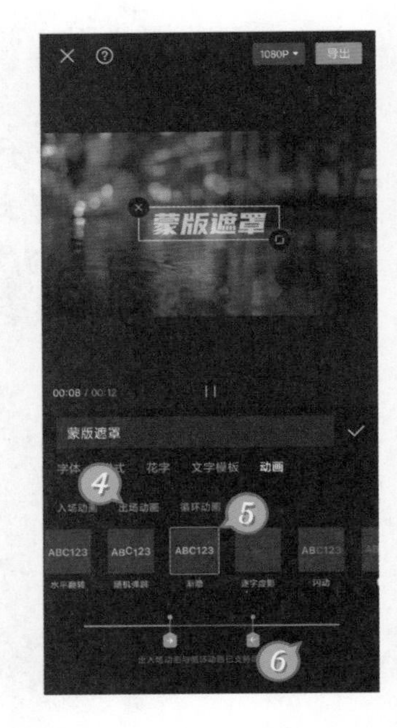

图6-86

16 返回编辑页面，将白色指针拖到视频开始处。点击页面下方的“滤镜”，点击“影视级”标签后，应用“青黄”滤镜，接下来将滤镜的时长与音乐对齐，如图6-87所示。

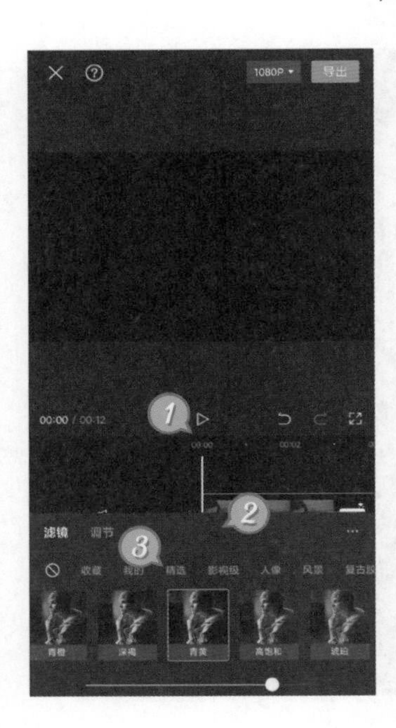

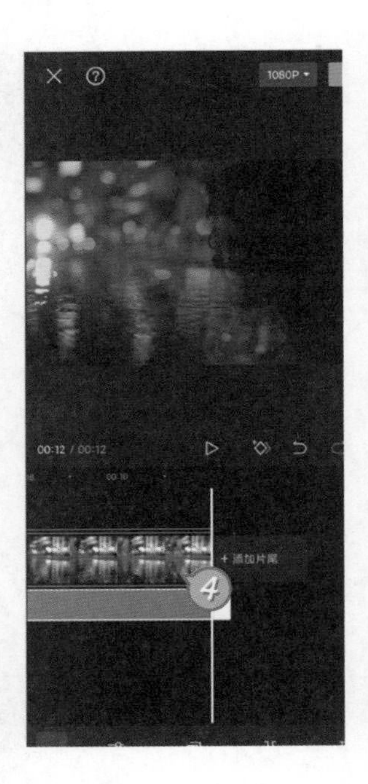

图6-87

17 返回编辑页面，点击页面下方的“特效”后，点击“画面特效”，继续选择“复古”标签，添加“电视纹理”特效。点击页面下方的“调整参数”，设置“纹理”“范围”和“扭曲”参数均为50。最后将特效的时长与音乐对齐，完成实例的制作，如图6-88所示。

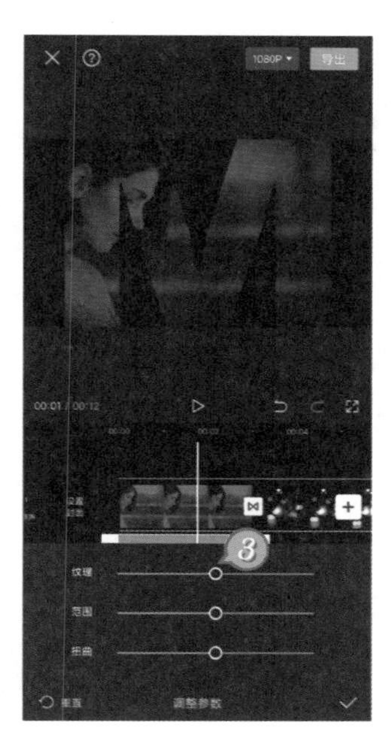

图6-88

没有创作灵感，完美复刻热门短视频

制作视频前先要解决两个问题，一是如何寻找创作灵感，二是怎么把创意转化成作品。对于第一个问题，最简单的方法就是从借鉴开始，在模仿的过程中寻找自己的风格。对于第二个问题，需要多动手制作，学会使用更多的应用和视频处理工具。本章中，我们将学习利用美图秀秀、剪映等应用提供的模板和便捷工具制作视频的方法。学会这些工具后，即使是初学者，也能制作出一流效果的视频。

7.1 用美图秀秀一键成片

美图秀秀不但能处理照片，还能制作视频。与其他视频制作应用相比，美图秀秀最大的特色是视频人像美颜功能。除此之外，美图秀秀还提供了大量的视频模板，利用这些模板，我们只要替换一下素材，就能一键生成各种类型的视频。现在我们就通过一个实例学习视频模板的使用方法，实例效果如图7-1所示。

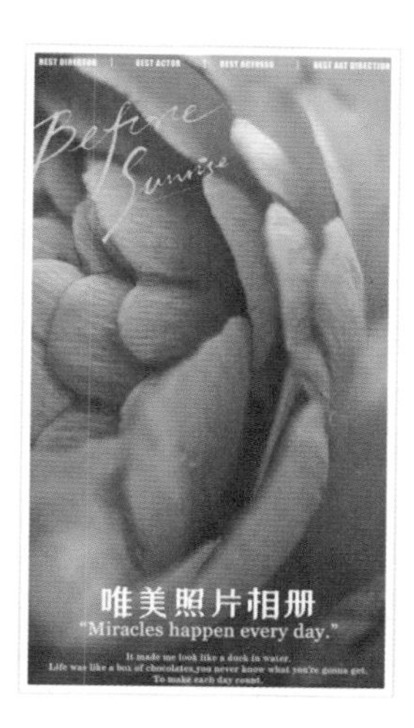

图7-1

观看教学视频

01 在美图秀秀的首页点击“视频剪辑”，继续点击页面右上方的“视频配方”，就能看到各种类型的视频模板，如图7-2所示。

图7-2

02 点击一个模板就能预览视频的效果，和看短视频差不多，向上滑动页面可以切换到下一个模板。点击页面左下方的“展开”，可以查看模板的详细信息，找到喜欢的模板后，点击页面右下方的“使用配方”，如图7-3所示。

图7-3

03 接下来按照模板要求的数量，选择自己的照片或视频，选择完成后，点击页面右下方的“选好了”，稍等片刻就能看到制作完成的视频，如图7-4所示。

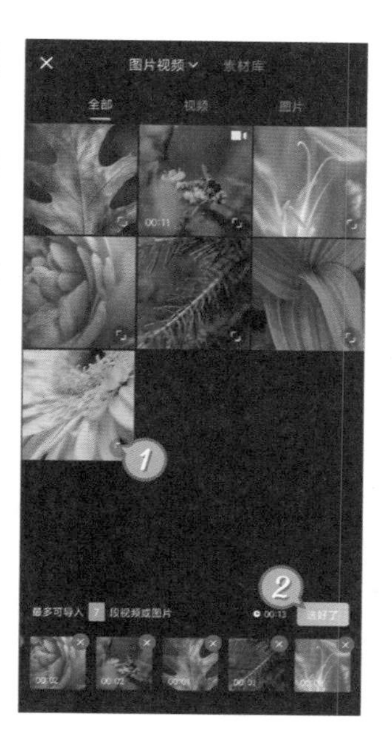

图7-4

04 在页面下方点两下素材缩略图，然后点击“裁剪”，照片素材可以通过缩放和拖动操作选择显示范围，视频素材还能通过左右拖动时间条的操作选择播放时段，如图7-5所示。

图7-5

05 点击页面下方的“完整编辑”，可以对视频的所有元素进行修改。比如，我们只要点击两个素材缩略图之间的丨图标，就能替换这个转场效果，如图7-6所示。

提示

> 按住一个素材的缩略图，在弹出的窗口中可以调整素材的排列顺序。

图7-6

06 我们还可以点击页面下方的“滤镜”，勾选“应用到全部”选项后，选择一个滤镜模板，就能为所有素材添加美化滤镜，如图7-7所示。

图7-7

07 点击页面下方的“贴纸”，选中一个轨道后，点击页面下方的“删除”，将不需要的贴纸删除。点两下粉红色的贴纸轨道，可以修改文本和字体，如图7-8所示。

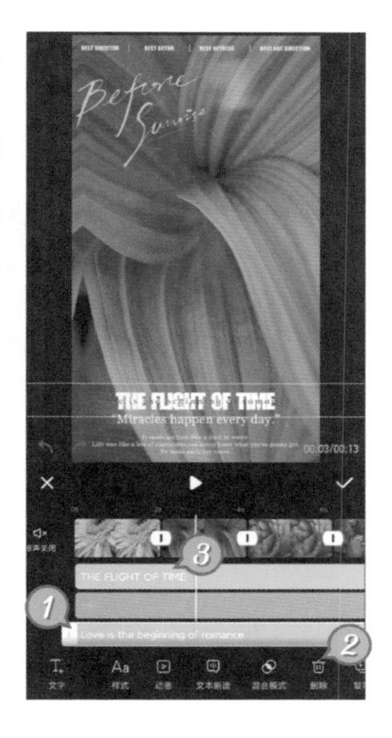

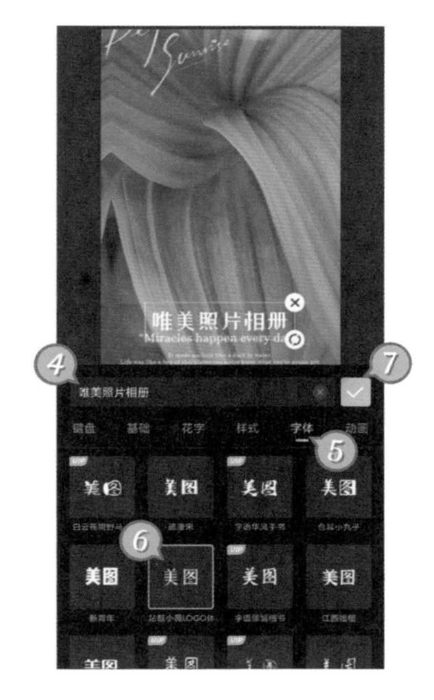

图7-8

08 点击页面下方的“画布”，可以修改视频的长宽比。全部设置完成后，点击页面右上角的“保存”，将视频保存到手机相册中，如图7-9所示。

点击“保存”右侧的 ⋮ 图标，可以设置视频的分辨率和帧数，分辨率和帧数越高，画面越清晰流畅，视频占用的存储空间也会越大。

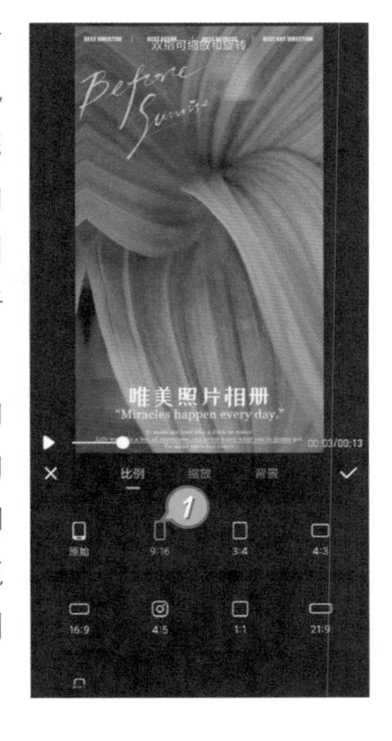

图7-9

09 生成视频后，点击页面右下角的“发布”，就能在美图秀秀的社区中发布自己的视频模板。在美图秀秀中点击“我”，然后点击页面左上角的头像，就能看到发布过的视频模板，如图7-10所示。

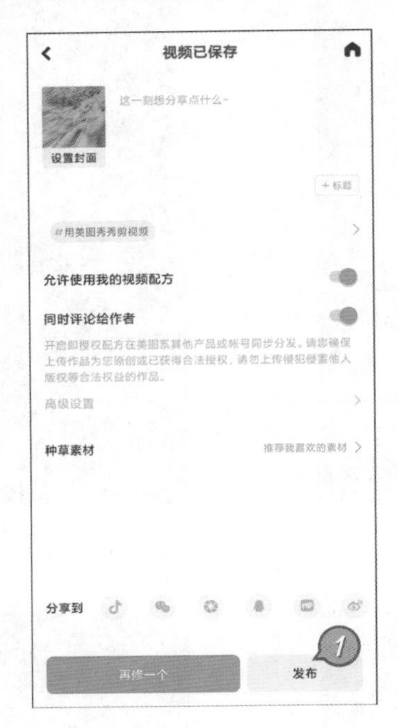

图7-10

7.2 制作抖音同款短视频

与美图秀秀的视频配方类似，剪映也提供了基于模板制作视频的功能。因为剪映是抖音官方推出的视频编辑应用，所以提供了大量热门抖音短视频模板，稍加替换和修改，就能生成时下热门的短视频作品。本节我们就来学习利用剪映的一键成片和剪同款功能制作短视频的方法，实例效果如图7-11所示。

图7-11

观看教学视频

01 运行剪映，点击页面下方的“剪同款”，就能看到各种类型的视频模板。点击页面上方的搜索栏，可以通过关键字、片段数量和时长等筛选条件快速找到自己需要的模板，如图7-12所示。

图7-12

02 和美图秀秀的视频模板一样，点击一个模板就能预览视频效果。点击页面右下角的“剪同款”，然后按照模板要求的数量选择照片或视频，选择完成后点击“下一步”，稍等片刻就能看到制作完成的视频，如图7-13所示。

图7-13

03 点击页面下方的缩略图，然后点击“裁剪”，可以设置素材的显示范围和播放时段，如图7-14所示。

图7-14

04 点击“文本编辑”，然后点两下标题字幕，就可以修改文本的内容，如图7-15所示。

图7-15

05 点击页面右上角的“导出”，在弹出窗口的左上角可以设置视频的分辨率，点击“无水印保存并分享”，就能生成视频文件，如图7-16所示。

图7-16

06 点击剪映首页的"一键成片"，选择任意数量的照片或视频后，点击"下一步"，如图7-17所示。

剪同款的制作流程是先选择模板，然后根据模板要求的数量选择素材。一键成片则是先选择任意数量的素材，应用会根据素材的数量推荐适合的模板，从而节省挑选模板的时间。

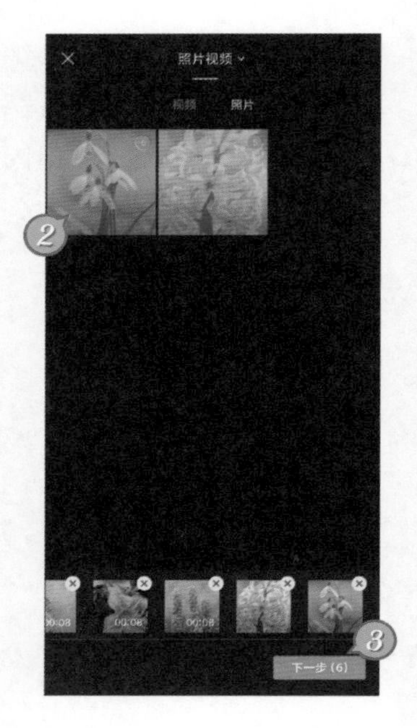

图7-17

07 在页面下方选择一个模板，就能看到应用模板后的效果。再次点击这个模板的缩略图，就可以替换素材或修改文本，如图7-18所示。

图7-18

7.3 只用纯文字生成视频

网络上的各大内容平台正在经历图文向视频的迁徙，为了迎合这种转型，剪映也推出了图文成片功能。利用这项功能，我们只需输入文本或者今日头条的文章链接，剪映就能搜索与文章内容相匹配的图像素材，并且自动生成带有字幕、旁白和音乐的视频，效果如图7-19所示。

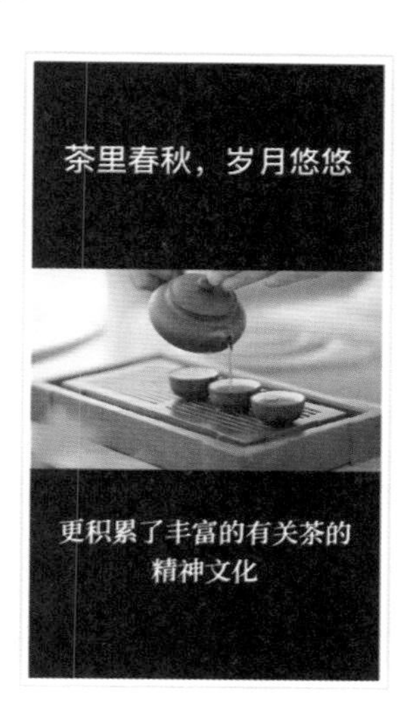

图7-19

观看教学视频

01 在今日头条上看到喜欢的文章后，我们可以点击页面右上角的···图标，在弹出的窗口中点击“复制链接”。接下来打开剪映，点击首页上的“图文成片”，如图7-20所示。

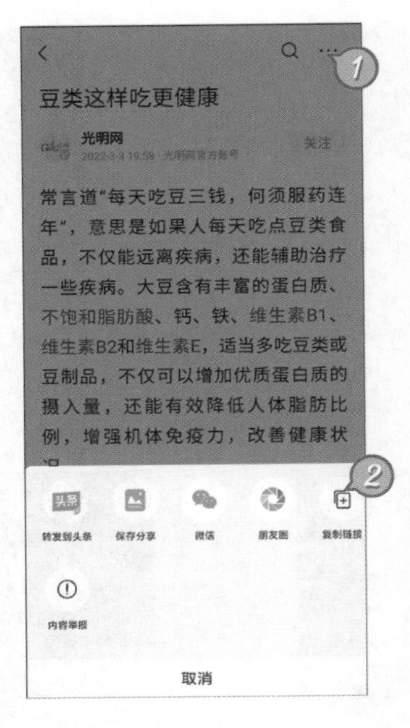

图7-20

02 点击"粘贴链接"后，点一下页面上的文本框，然后粘贴链接地址，继续点击"获取文字内容"，就能自动输入文章的标题和内容，如图7-21所示。

图文成片功能目前只能摘取不超过1500字的文章，超过的部分在生成视频的过程中会被修剪掉。

图7-21

03 对于其他媒体平台上的文章，我们需要把所有文字复制下来，在剪映中点击“图文成片”后，点击“自定义输入”，然后粘贴文章的正文和标题。点击页面右上角的“生成视频”，等待一段时间就能看到合成的视频，如图7-22所示。

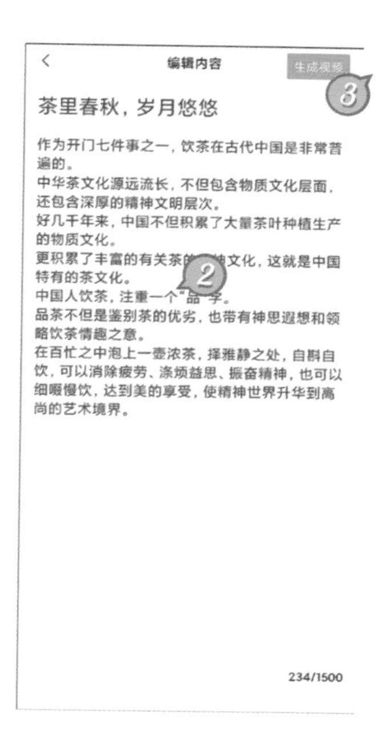

图7-22

04 点击页面下方的“音色选择”，可以在男女声、方言等合成音之间切换。点击页面下方的“比例”，可以把横屏视频切换成竖屏，如图7-23所示。

图7-23

05 剪映默认使用的都是图片素材，我们可以在视频轨道上选中一个图像素材，然后点击页面下方的“替换”，选择“视频素材”标签后，在搜索栏中输入关键字，就能找到与关键字匹配的视频素材，如图7-24所示。

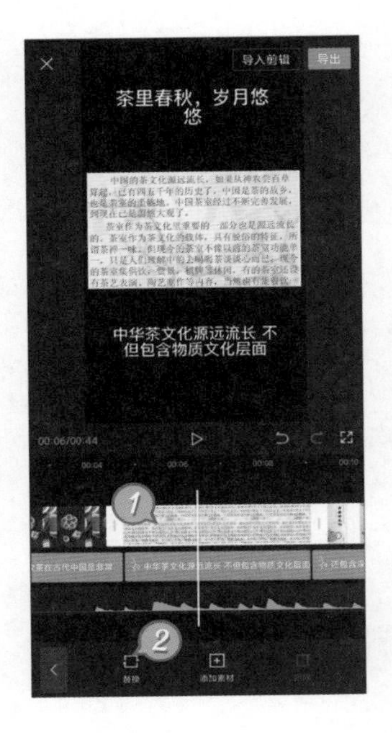

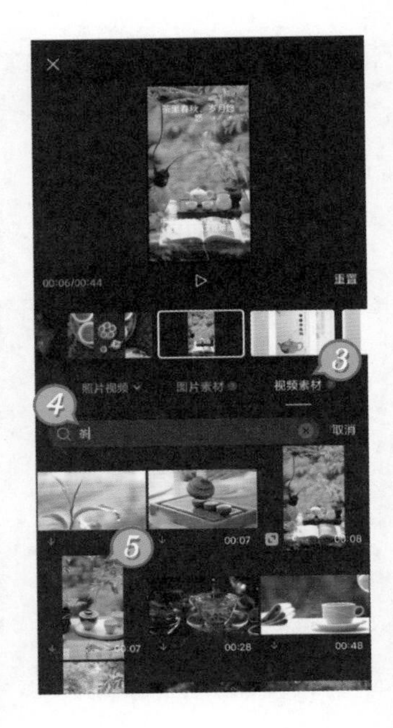

图7-24

06 点击页面下方的“文字”，继续点击“编辑”，就可以修改字幕的字体和样式，如图7-25所示。

图7-25

07 点击页面右上角的“导入剪辑”，还能对视频进行更多的设置。我们可以点击页面下方的“背景”，继续点击“画布模糊”，选择一种模糊程度后，点击页面左下角的“全局应用”，为所有图片素材创建背景，如图7-26所示。

请注意，不要为图文成片添加转场效果，以免生成的视频音画不同步。

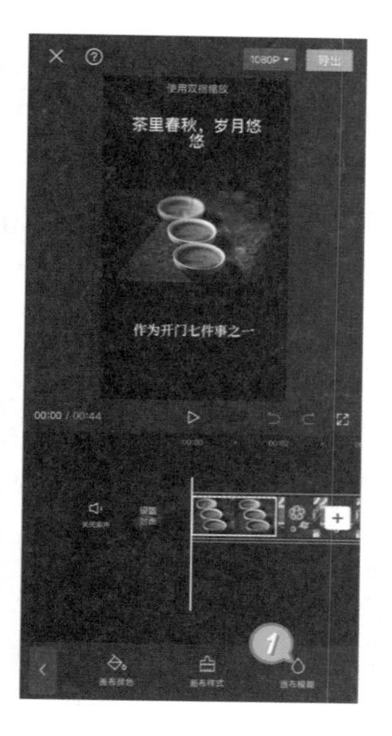

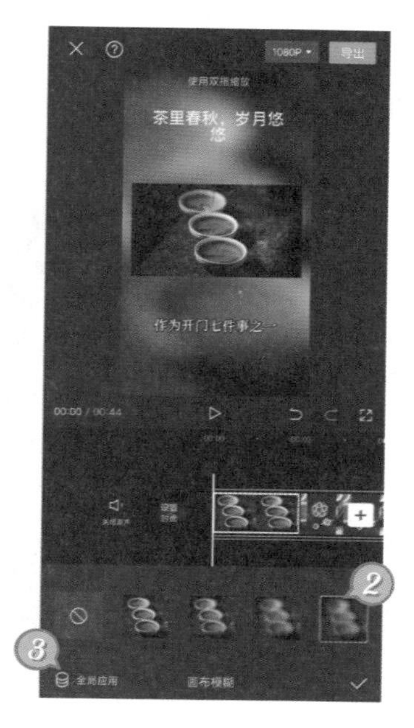

图7-26

08 点击页面下方的“文字”，继续双击标题轨道，就能修改标题的字体和样式，还可以给标题设置循环动画，如图7-27所示。

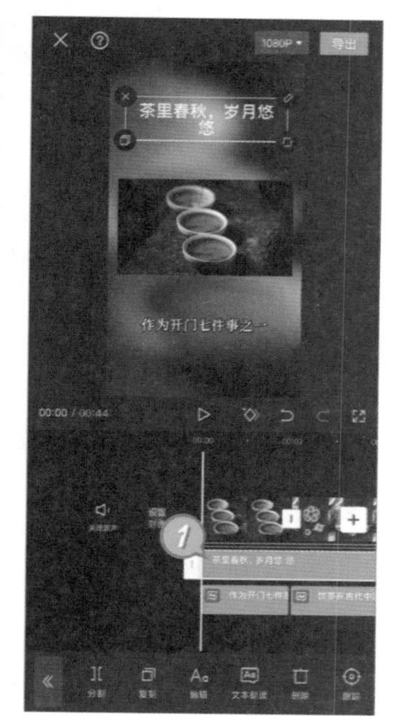

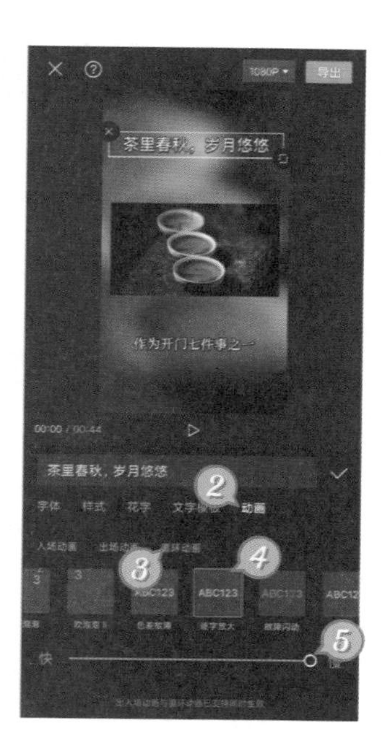

图7-27

09 图文成片的所有图片和视频素材都被设置了放大动画，点击时间轴上的一个素材后，点击页面下方的“动画”，继续点击“入场动画”后，选择“无”，就可以删除放大动画，如图7-28所示。

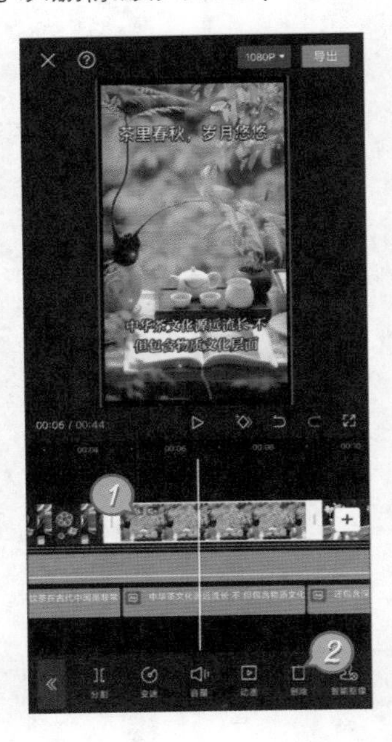

图7-28

7.4 快影制作各类短视频

剪映是抖音的官方应用，快影则是快手旗下的视频编辑应用，快手的用户可以用这款应用制作各种类型的短视频，并且一键发布到自己的快手账号中。本节我们就通过一个实例了解一下快影的使用方法和特色功能，实例效果如图7-29所示。

01 运行快影，点击页面下方的“剪同款”，就能看到各种类型的短视频模板。与剪映相比，快影的检索功能更完善，点击分类标签右侧的▽图标，可以按照片段数量和类型快速找到自己需要的模板，如图7-30所示。

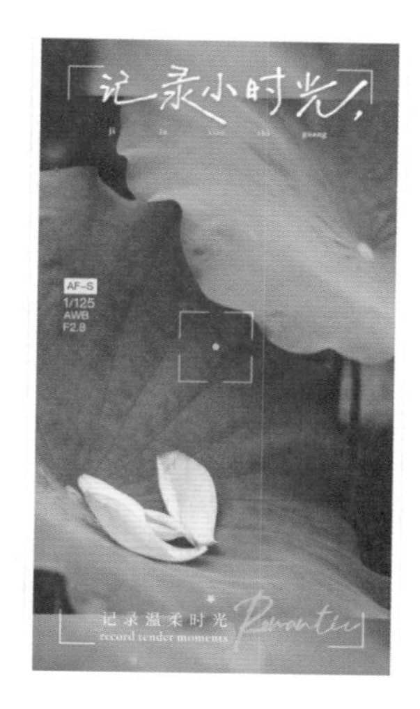

图7-29

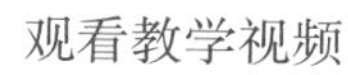

观看教学视频

图7-30

02 我们也可以点击页面右上角的“一键出片”，选择要制作成视频的素材后，再次点击“一键出片”，应用就会根据素材的数量推荐适合的模板，如图7-31所示。

图7-31

03 点击模板上的“点击编辑”，进入编辑模式，继续点击素材缩略图上的“点击编辑”，可以调整素材的显示范围或显示时段。如果视频中添加了标题字幕，可以点击“文字编辑”，修改文字内容，如图7-32所示。

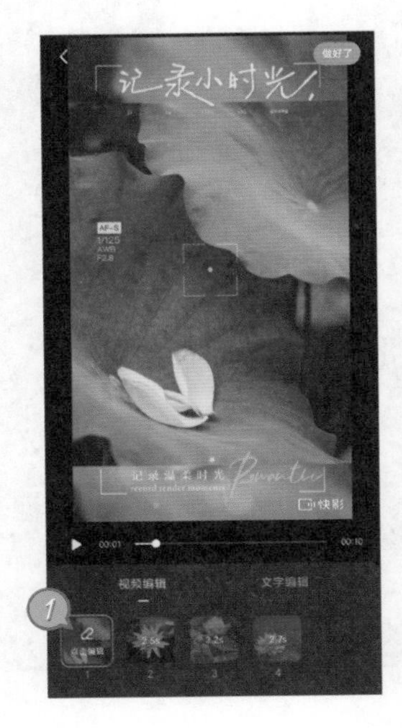

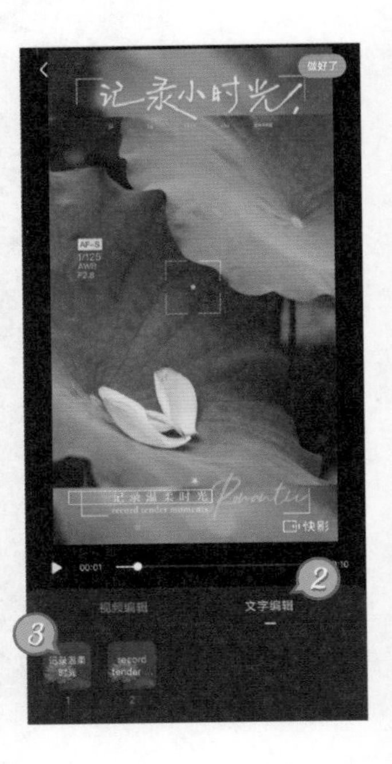

图7-32

04 点击页面右上角的“做好了”，继续点击页面下方的“无水印导出并分享”，就能把视频保存到手机上，然后发布到快手中，如图7-33所示。

图7-33

05 快影和剪映的视频剪辑和剪同款功能几乎一模一样，差别主要体现在辅助功能方面。快影中没有图文成片和创作脚本，取而代之的是百宝箱。如果我们从网上下载了一个视频，想要去除视频中的水印或字幕，可以在快影的首页点击“百宝箱”，然后点击“一键修复”，如图7-34所示。

图7-34

06 打开要处理的视频后，点击页面上方的“文字去除”，拖动矩形边框，让矩形覆盖要去除的水印或字幕。点击页面右上角的“上传处理”，等待处理完成后，点击⬇图标，把处理后的视频保存到手机上，如图7-35所示。

图7-35

07 如果下载的视频模糊不清，可以点击百宝箱中的“超清画质”，选择要处理的视频后，在页面上方选择修复程度，然后点击“上传处理”进行修复，如图7-36所示。

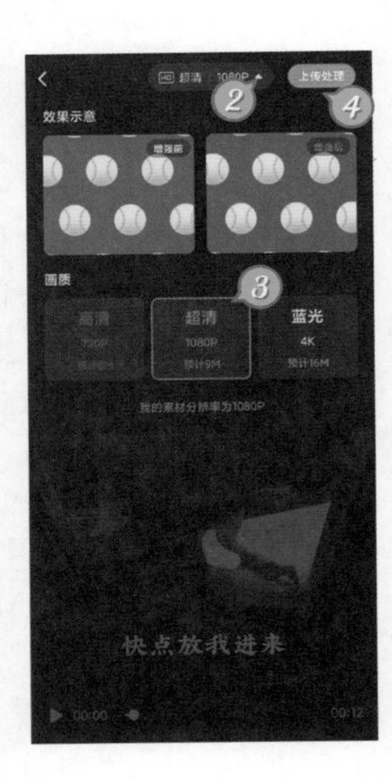

图7-36

7.5 制作流行的文字视频

相信大家都在短视频平台上看过只有语音和文字动画的视频，这种视频不需要视频和图像素材，制作起来非常简单，适用的范围也很广泛。现在我们就来学习用快影制作文字视频的方法，实例效果如图7-37所示。

图7-37

观看教学视频

01 运行快影，点击首页上的“百宝箱”后，点击“文字视频”，继续点击“视频提取声音”后，选择手机上的视频，应用就能把视频中的文字提取出来。点击“实时录音”后，按住🎙图标，可以用语音的方式输入文字，如图7-38所示。

图7-38

02 如果您没有合适的视频，又不想自己录音，还可以复制一段文本，点击快影首页上的“开始剪辑”，然后点击页面上方的“素材库”，选择黑色图形后，点击“完成”，如图7-39所示。

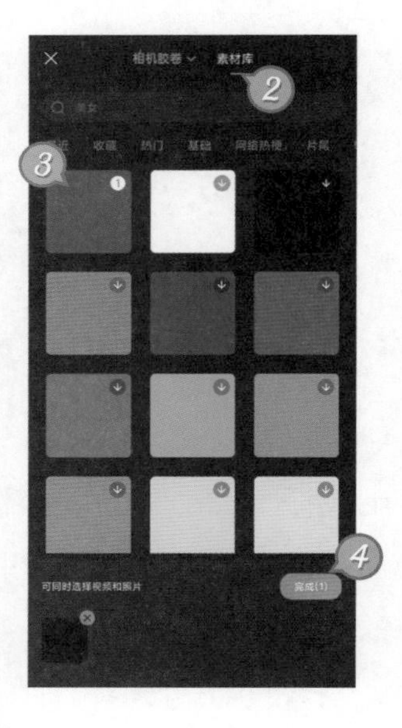

图7-39

03 点击字幕轨道后，粘贴复制的文本，然后点击页面下方的“智能配音”。继续选择一个配音主播后，点击“生成配音”。接下来点击页面右上角的“做好了”，继续点击 ⤓ 图标生成视频，如图7-40所示。

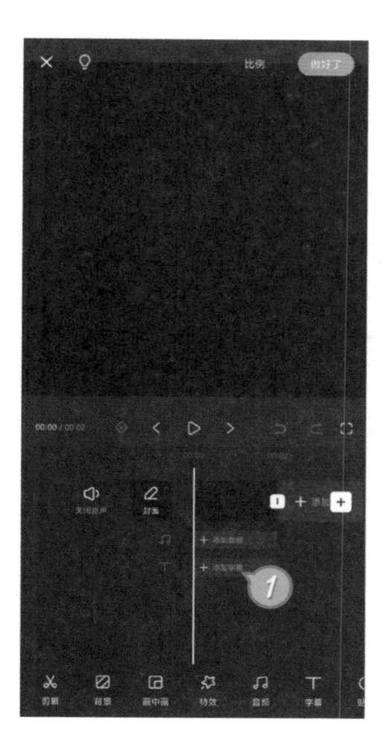

图7-40

04 在“百宝箱”中点击“文字视频”，点击“视频提取声音”后，选择上一步导出的视频，完成文字的提取，如图7-41所示。

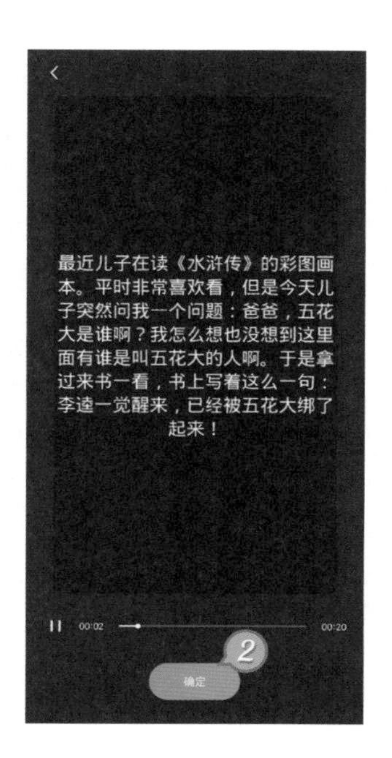

图7-41

05 点击“样式”标签，选择文字视频的字体、文本颜色和背景颜色。自己进行配音的话，可以在“变声”标签中选择不同的变调效果，如图7-42所示。

点击预览图左侧的□图标，可以将视频切换成横屏，点击背景颜色下方的图标，可以选择一张照片作为文字视频的背景。

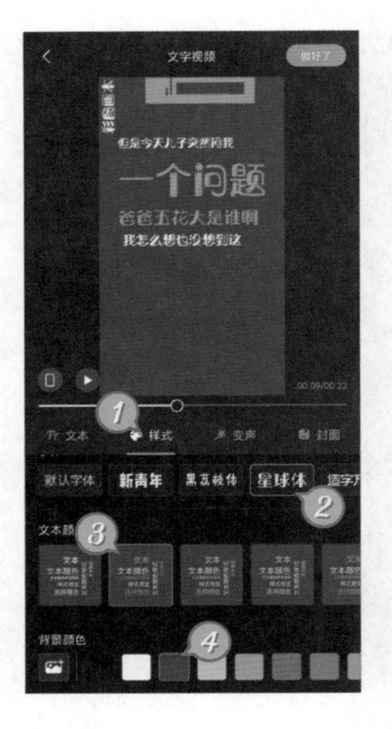

图7-42

06 点击“封面”标签，然后点击预览图上的“点击添加封面”，输入标题文本后，设置字体大小和颜色，如图7-43所示。最后点击页面右上角的“做好了”，导出视频文件。

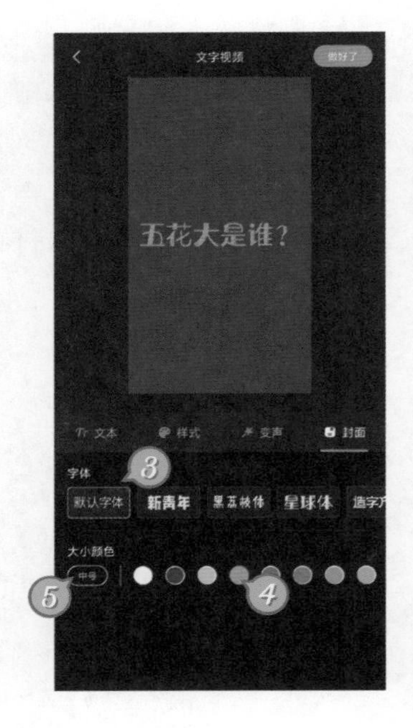

图7-43

07 我们还可以给文字视频添加更多的效果。点击快影首页上的“开始剪辑”，打开刚导出的文字视频，继续选中视频轨道上的素材，拖动视频右侧的边框，将片尾部分删除，如图7-44所示。

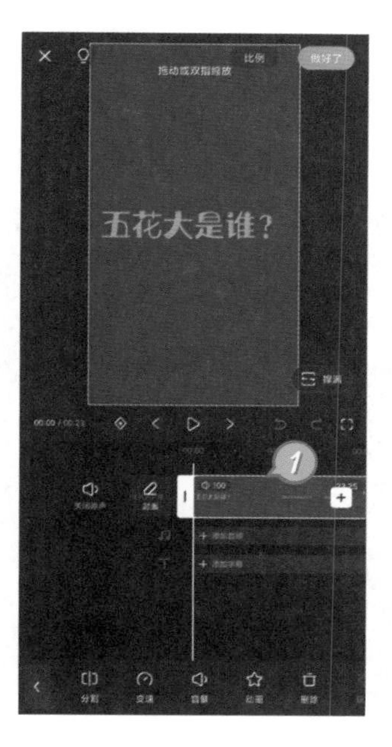

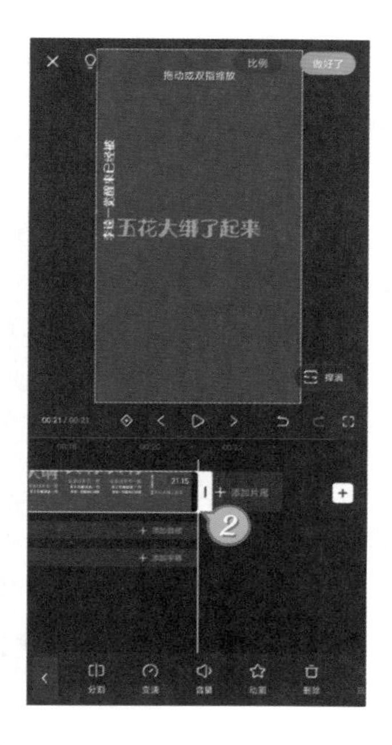

图7-44

08 在空白处点击，取消选择，然后将白色指针拖到最后一段文本出现的位置，点击页面下方的“特效”，添加“动感”标签中的“甩入放大”效果，如图7-45所示。

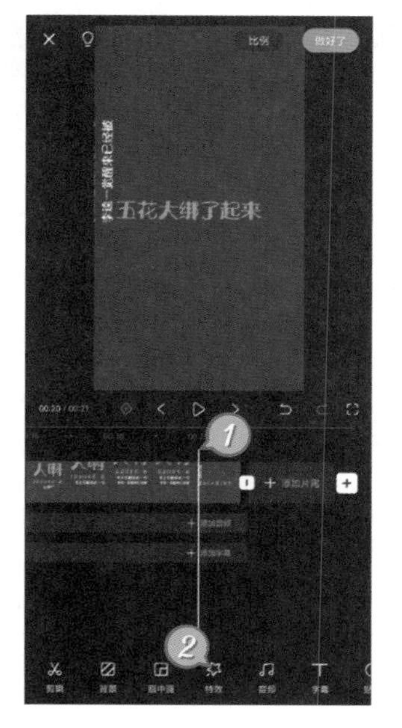

图7-45

09 将白色指针拖到视频的开始处，点击页面下方的“新增特效”后，添加“花草边框”效果，继续点击页面下方的“铺满”，将边框效果的时长与视频对齐，如图7-46所示。

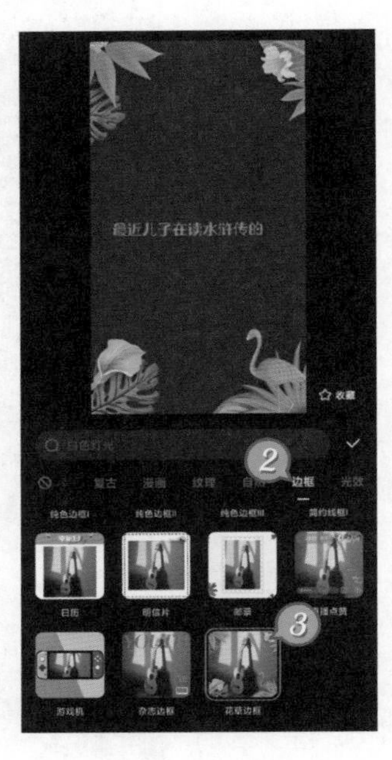

图7-46

存储空间不足，把照片和视频传到网盘上

手机里的照片和视频太多，经常提示存储空间不足怎么办？不用着急删除照片，只要安装一款叫作“一刻相册”的应用，就能把手机里的照片和视频全都备份到网盘上，网盘里的照片可以随时随地地查看和下载，以后再也不用担心手机存储空间不足了。除了网盘功能之外，一刻相册还提供了清理重复照片、修复老照片、名画滤镜等实用工具。本章就让我们详细了解一下用一刻相册备份、清理、分享和处理照片的方法。

8.1 用一刻相册备份手机照片

一刻相册最大的优点是网盘空间大，只要输入一个邀请码，就能获得无限容量的网盘空间。同时，一刻相册的主要功能都是免费的，个别收费项目不会影响应用的正常使用。在本节中，我们先注册一刻相册的账号，然后学习获取无限网盘空间和开启照片自动备份的方法。

观看教学视频

01 第一次使用一刻相册需要点击“手机号码登录”，输入自己的手机号码后，点击“下一步”，如图8-1所示。

图8-1

02 如果这个手机号码以前没注册过百度账号，还要在弹出的提示窗口中点击“同意并注册”，收到验证短信后，输入验证码，账号就注册完成了，如图8-2所示。

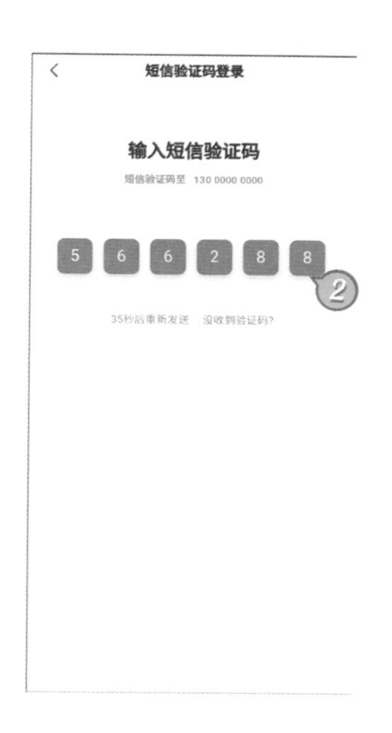

图8-2

03 出现“激活我的无限空间特权”提示窗时，点击“输入邀请码”，输入“AAA939”就能获得无限网盘空间，如图8-3所示。

图8-3

04 在“欢迎使用一刻相册”提示窗口中，点击“一键开始原画质备份”。接下来点击“去开启照片权限”，出现权限请求后，点击“允许”，如图8-4所示。

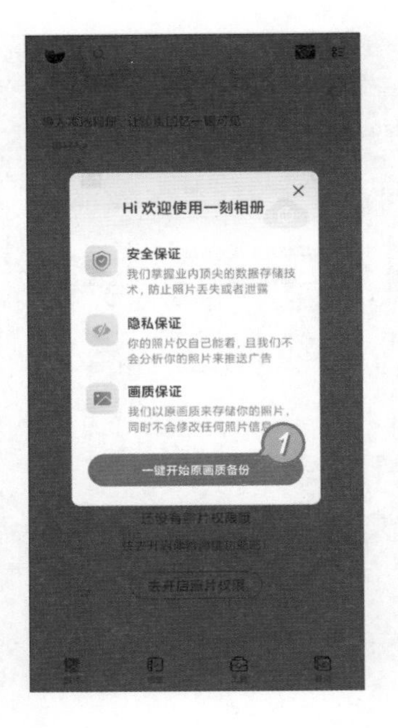

图8-4

开启自动备份后，当手机处于WIFI网络连接时，只要打开一刻相册，手机里的照片和视频就会自动上传到网盘里。在默认设置下，手机使用流量上网时不会备份照片和视频。

05 无论是手机还是网盘里的照片，都会显示在“照片”页面上，没备份到网盘里的照片，缩略图的右上角会带有⊘标志。点击页面右上角的 8☰ 图标，可以切换缩略图的大小，在这里还可以选择照片的来源和类型，如图8-5所示。

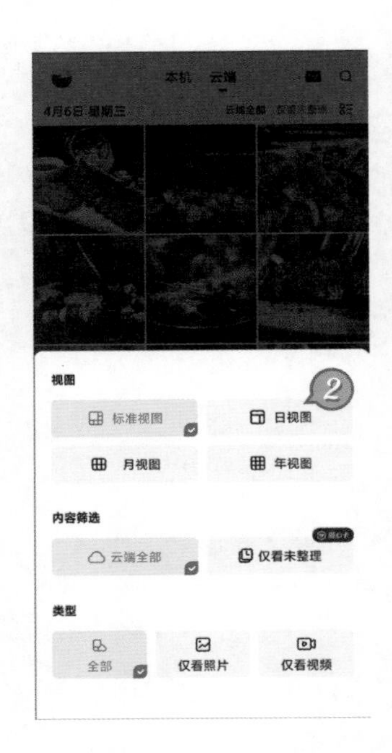

图8-5

06 按住任意一个缩略图，就会进入照片选择模式，同时页面下方会出现分享、删除等选项。如果您不小心误删了照片，可以点击页面左上角的用户头像，继续点击“回收站”，就能找到10天内被删除的所有照片，如图8-6所示。

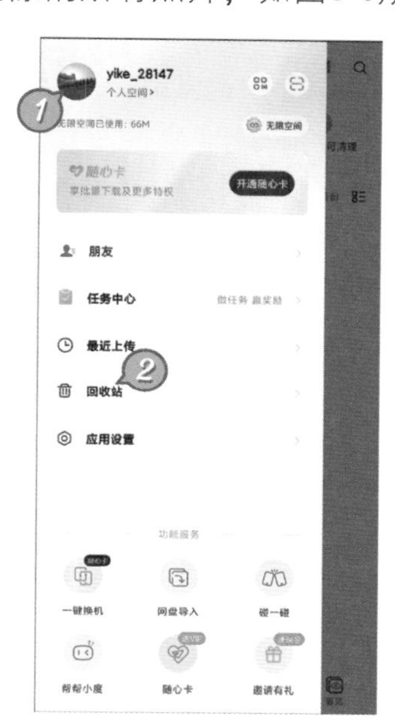

图8-6

8.2 整理手机和网盘里的照片

为了防止手抖或者对方闭眼睛，很多朋友拍照时习惯连拍几张，手机里有很多连拍的类似照片时，挑选起来是一件很麻烦的事情。把照片上传到网盘后，还要把备份完的照片从手机中删除，这样才能腾出手机的存储空间。为了更方便地查找照片，我们还要创建不同的相册，并且给照片分类。这些烦琐的照片管理操作，只要使用一刻相册提供的整理工具，就能非常轻松地完成。

观看教学视频

01 在一刻相册中，点击页面下方的“工具”，然后点击“整理工具”中的“清理已备份”，等扫描结束后，取消勾选“保留最近30天的内容”选项，继续点击“一键清理”，就能把已经备份到网盘里的照片和视频从手机中删除了，如图8-7所示。

图8-7

02 点击“整理工具”中的“清理相似照片”，一刻相册就能检测出所有的连拍照片，并且自动选中一张效果最好的。点击“清理选中”后，点击“删除”，就能把重复的相似照片全部删除了，如图8-8所示。

图8-8

03 很多截图都没有长期保存的价值，截图太多的话还会影响照片的查找。我们只要点击“整理工具”中的“清理截图”，就能显示出所有的截图。想保留某张截图时，可以点击预览图上的✓图标取消选择，点击“清理选中”后，点击“删除”，就能删除选中的截图，如图8-9所示。

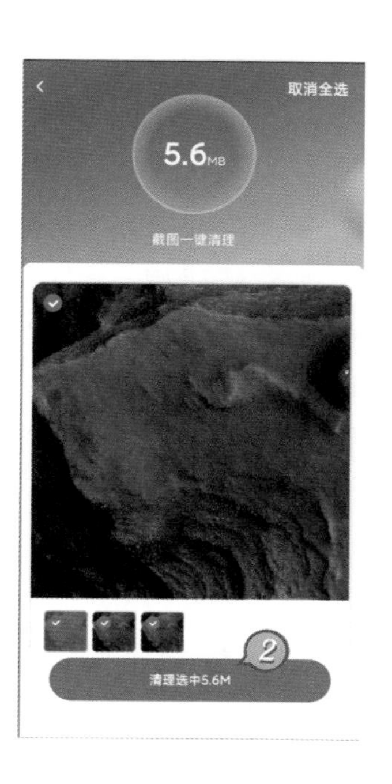

图8-9

04 点击“整理工具”中的“极速整理”，在这里我们可以快速创建相册，并且给照片分类。点击页面左下角的＋图标，输入相册名称后，点击“确认”，就能创建一个新相册，如图8-10所示。

图8-10

05 我们可以创建多个相册，点击一个相册的名称，就能把预览窗口中显示的照片放到这个相册里。发现不想要的照片，只要向上拖动照片，就能将其放到“待删除”列表中，等所有照片整理完毕后一起删除，如图8-11所示。

图8-11

8.3 利用相册给好友分享照片

用微信给好友传照片非常方便，但是微信一次只能发送9张照片，需要给多个好友发送几十、上百张照片时，操作起来就很麻烦了。遇到这种情况，我们只要在一刻相册中新建一个相册，然后把所有要分享的照片都放进这个相册里，就能一次性发送给多个好友了。

观看教学视频

01 在一刻相册中，点击页面下方的“相册”，点击“创建相册”后，输入相册名称，继续点击“从照片库添加”，如图8-12所示。

一刻相册具有准确的人脸识别功能，创建相册时点击“按人物添加”，就能把某个人的所有照片全部挑选出来。

图8-12

02 选择所有要分享的照片后，点击“确定选择”，接下来点击页面右上方的“分享给好友”，弹出选项窗口后，在窗口下方选择照片的有效时间，然后点击“微信”，如图8-13所示。

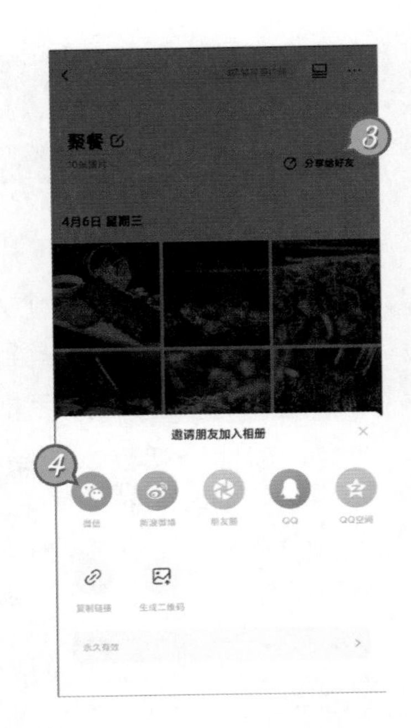

图8-13

03 打开微信页面后，选择一位好友，然后点击“分享”。好友只要点开这个链接，就能看到相册里的所有照片，如图8-14所示。

图8-14

04 如果您想把相册里的照片分享给多个好友，可以在微信页面中点击“创建新的聊天”，选择所有要分享的好友后，点击“完成”，继续点击“分享”，就能快速创建群聊并分享照片了，如图8-15所示。

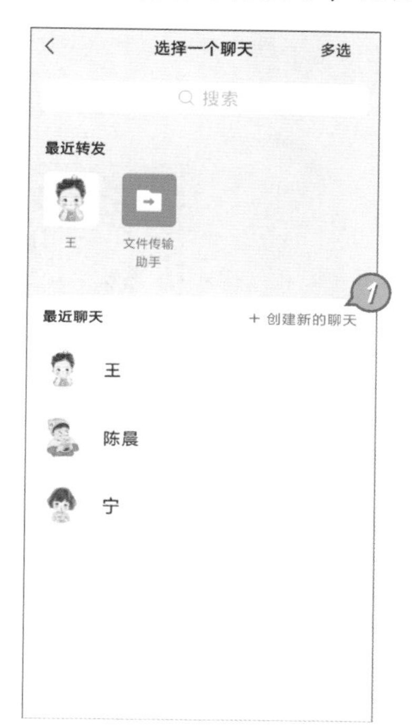

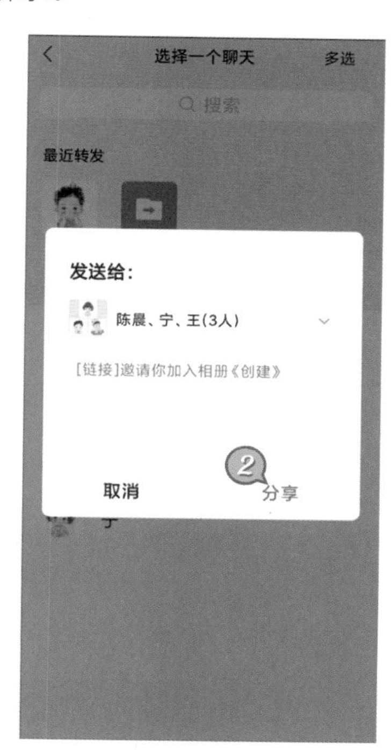

图8-15

8.4 完美修复泛黄老旧的照片

每张老照片的背后都承载着一段历史和回忆。空闲的时候，我们不妨用手机把家里的老照片翻拍下来，然后借助最新的人工智能（Artificial Intelligence，AI）技术进行修复，既可以更加长久地保存，也能更方便地分享。本节我们将使用泼辣修图、美图秀秀和一刻相册3款应用共同完成老照片的修复，实例效果如图8-16所示。

图8-16　　观看教学视频

01 用手机拍老照片时，总会出现不同程度的歪斜和透视变形。所以，修复老照片的第一步是把照片调正，如果是发黄的照片，还要去除照片的颜色。打开泼辣修图，点击页面左上角的图标，打开要修复的照片。继续点击右下角的“编辑”，然后点击“重构”，如图8-17所示。

图8-17

02 点击“透视”标签后，拖动照片四周的白点，让照片的透视变得正常。接下来点击“边框”，设置“边框宽度”参数为8后，点击✓图标，如图8-18所示。

图8-18

03 继续点击“调整”，选择“色彩”标签后，将“饱和度”参数设置为-100，点击页面右下角的✓图标，完成去色操作，如图8-19所示。

图8-19

04 泼辣修图的工作完成后，点击页面右上角的⇧图标，然后点击“保存副本”，把处理好的照片保存到手机中，如图8-20所示。

图8-20

05 打开美图秀秀，点击“图片美化”后，打开泼辣修图处理后的照片。点击页面下方的“调色”，将“对比度”参数设置为100，将“暗部”参数设置为-50后，点击✓图标，如图8-21所示。

图8-21

06 拖动页面下方的工具条，找到并点击“抠图”。等应用计算完抠图范围后，点击“背景”。继续点击“滤镜”，给照片的背景套用“清澈”滤镜，然后将“程度”滑块拖到最右侧，如图8-22所示。

图8-22

07 返回美化页面，点击页面下方的“消除笔”，先在照片上的斑点处点击，然后在背景上涂抹，消除所有斑点和污垢后，点击✓图标完成处理，如图8-23所示。

图8-23

08 点击页面右上角的“保存”后，返回美图秀秀的首页，点击“工具箱”后，点击“老照片修复”，如图8-24所示。

图8-24

09 点击“一键翻新”后，选择刚刚保存的照片，等照片修复完成后，点击“保存到相册”，如图8-25所示。

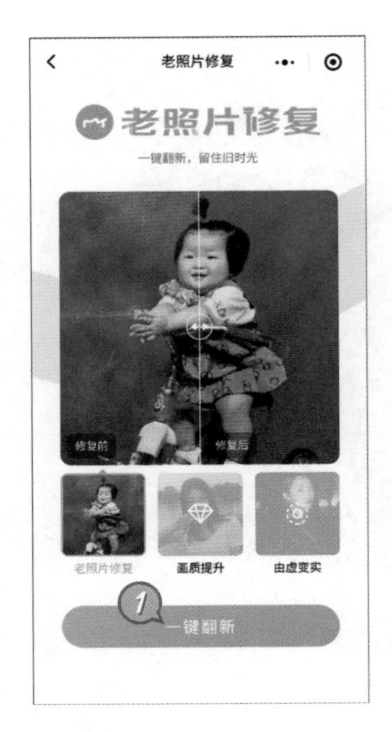

图8-25

10 我们还要给照片上色，并且进一步提升画质。打开一刻相册，点击页面下方的“工具”，继续点击“制作工具”中的“照片修复”，然后点击“一键修复”，如图8-26所示。

图8-26

11 打开美图秀秀保存的照片，然后点击页面下方的“照片修复”。稍等片刻，就能看到上色后的照片效果。点击“时光倒流”，还能获得更加清晰的修复效果，如图8-27所示。

图8-27

12 如果您还想更进一步，可以用美图秀秀打开上色后的照片。点击首页上的“人像美容”，然后通过各种美妆工具让您的照片更漂亮，如图8-28所示。

图8-28

8.5 各具特色的照片制作工具

一刻相册提供了很多基于AI算法的照片和视频制作工具，这些工具的操作非常简单，只要点几下手指，就能得到各种令人惊叹的效果。本节我们就来了解几个最具特色的制作工具，看看AI算法能给我们带来哪些惊喜，实例效果如图8-29所示。

图8-29

观看教学视频

01 打开一刻相册后，点击页面下方的“工具”，点击“制作工具”中的“卡点视频”，就能看到很多设置好的视频模板，点击模板上的▶图标可以播放视频，点击🔊图标可以播放声音，如图8-30所示。

图8-30

02 找到喜欢的模板后，点击模板右下角的“制作同款”，按照页面下方要求的素材数量选择好照片或视频后，点击“下一步”，如图8-31所示。

如果我们使用了视频素材，可以点击视频素材的缩略图，在弹出的窗口中左右拖动滑条选择视频的范围。

图8-31

03 在页面的右上角可以选择生成横屏还是竖屏的视频，继续点击“生成视频”，稍等一会，制作好的视频就被保存到手机里了，如图8-32所示。

图8-32

04 AI算法不但能修复老照片，还能让照片上的人开口唱歌。点击制作工具中的“表情特效”，继续点击“制作同款”后，选择一张有人脸的照片，如图8-33所示。

图8-33

05 现在只要在页面下方点击一个表情的缩略图，就能让照片里的人动起来，如图8-34所示。

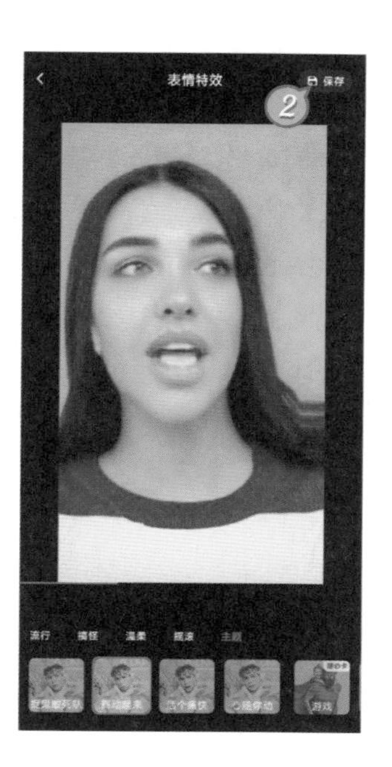

图8-34

06 制作工具中的“名画滤镜”和“艺术滤镜”都能把照片制作成不同风格的艺术画，使用风景照片效果更佳，如图8-35所示。

图8-35

07 制作工具中的“氛围效果”则是在名画滤镜和艺术滤镜的基础上更进一步，这个工具会通过抠图的手段保持照片中的人物不变，同时把照片的背景处理成艺术滤镜的效果，如图8-36所示。

图8-36

读物推荐

本书揭示短视频行业的运作机制，详解短视频策划、拍摄、制作、运营与盈利技巧，以帮助新入行的从业人员快速制作出有吸引力的短视频，从而能在短视频行业中发展壮大、站稳脚跟，并赚取属于自己的第一桶金。

读物推荐

本书从抖音、快手、B站、小红书等火爆的短视频案例的制作入手，分九大专题详细介绍剪映手机短视频88个热门案例的制作方法与技巧。通过本书的学习，读者可以快速成为一名剪辑出爆款短视频的高手。